Helping you use less pesticides
gain more safety and benefit

郑建秋等　著

保您少用多半药
食品更安全
人人都受益

中国农业科学技术出版社

图书在版编目（CIP）数据

保您少用多半药：食品更安全 人人都受益 / 郑建秋等著．— 北京：中国农业科学技术出版社，2018.5

ISBN 978-7-5116-3627-0

Ⅰ．①保… Ⅱ．①郑… Ⅲ．①果树园艺—无污染技术②蔬菜园艺—无污染技术 Ⅳ．① S66 ② S63

中国版本图书馆 CIP 数据核字（2018）第 082190 号

责任编辑　张志花
责任校对　马广洋

出 版 者　中国农业科学技术出版社
　　　　　北京市中关村南大街 12 号　　邮编：100081
电　　话　（010）82106636（编辑室）　（010）82109702（发行部）
　　　　　（010）82109709（读者服务部）
传　　真　（010）82106631
网　　址　http://www.castp.cn
经 销 者　各地新华书店
印 刷 者　固安县京平诚乾印刷有限公司
开　　本　889 mm×1 194 mm　1/16
印　　张　9
字　　数　155 千字
版　　次　2018 年 5 月第 1 版　　2018 年 5 月第 1 次印刷
定　　价　99.00 元

创作专家

郑建秋　北京市植保站二级推广研究员，数十年老植保员，蔬菜病虫的克星，治虫大王

施祖军　全国供销总社培训中心教授，技术推广培训专家

曹永松　中国农业大学教授，环保型农药研究与应用专家

何雄奎　中国农业大学教授，高效施药机械及施药技术研究专家

王全辉　农业部生态与资源保护总站研究员，生态环保技术推广专家

曹坳程　中国农业科学院植物保护研究所研究员，高效土壤处理技术研究与应用专家

郑　炜　天津大学教授，超高效常温烟雾机等新型植保器械研发专家

郑　翔　北京蔬菜病虫防治飞虎队队长，蔬菜病虫全程绿色防控、专业化防治奠基人

创作成员

朱晓丹　孙　海　王　胤　张　薇　乔　岩　袁志强　李云龙　张　智　刘建华

王晓青　胡　彬　曹金娟　罗来馨　苏秋芳　邱　端　张　涛　李久强　冯时宇

齐长红　陈明远　齐艳花　张艳萍　黄　洁　何　强　段永恒　王俊侠　原　锴

孙艳艳　曹　华　王艳辉　张桂娟　王娟娟　杨雁鸣　王滨海　陈晓云　龚明月

“保您少用多半药”！
不是随便夸海口，信不信由您……

请认真阅读实践“巧让病虫断子孙”“吃药打针不如保健”“巧给蔬菜找‘朋友’”“治虫巧用‘美人计’”“百虫扑灯自送死”“黄蓝黑板逮色狼”“高温杀灭顽病虫”“巧用‘芥末’消病虫”“不是农药胜似药”“用好蔬菜东风-41”等实用技术，病虫不发生、轻发生、晚发生，自然不打药、少打药、显著节药。

不忘初心，牢记使命，用各自的方式为国家减负献力添光彩……

巧妙使用辣根素，生活更健康。

前 言

安全果蔬是产出来的，不合格产品认证、检测、追溯变不成合格产品。无病虫自然不用药，生了病虫也不一定必须用药……

数十项专利、数十项成果、数十年经验汇集于此，只希望种菜人少用药，更轻松，少花冤枉钱；消费者少担心，食品更安全，少吃点农药；巧妙使用辣根素，身体更健康，农药污染越来越少，生态环境更安全。

期望读者千千万，种菜、种果人最好人手一册，重视家人健康的人们请您认真阅读，也希望带给学生和其他方方面面的人们难得的知识和理念……

坚信，本书的全面普及，病虫防治更容易，食品更安全，身体更健康，环境更美好，人人都受益！！！

目 录

保您少用多半药
产品更安全

Helping you use less pesticides, gain more safety

产品安全、生态环境备受关注。生产离不开农药，用药不当污染产品、污染环境，减少化学农药用量是发展绿色生态农业的必然趋势。因我国蔬菜千家万户自由分散种植，品种多、茬口多、规模小、各自为营，病虫种类繁多，情况复杂，损失严重。限于菜农一人担当发达国家多名专业人员分别承担的从种到收的全部工作，面对必须防治数十种病虫，而且很多是毁灭性疑难病虫，无奈长期依赖化学农药，多品种混用，超量使用农药现象比较普遍，花了不少冤枉钱，农药残留风险很难控制。

蔬菜是农药使用大户，用量是大田作物的10倍甚至数十倍，在我国农药残留仍是蔬菜产品质量安全的最大隐患，也是农业面源污染防控值得重视的。按照一病一虫针对性防治，使用落后喷雾器，农药利用率提高不了，农药用量永远减不下来。

集数十项成果、数十项专利、数十年经验形成“全程绿色防控技术体系”，把菜农极难掌握纷繁复杂的病虫防治技术简单化、流程化。控制病虫源头，最大限度消除病虫来源，防患于未然，使病虫不发生、轻发生、少发生，必要时采用非化学措施或超高效施药防治，农药自然就减少了……

The occurrence, damage, and management of vegetable pests

国内外病虫知多少
（病虫简况）

外国蔬菜病虫怎么样？

国外蔬菜种类比我国少很多，只有番茄、甜椒、生菜、马铃薯、洋葱、胡萝卜、绿菜花、芹菜、圆白菜等20多种，大多种植在气候、土壤最适宜的地区，标准化生产，非常重视病虫源头防控，最大限度让病虫少发生、轻发生，甚至不发生。病虫种类极少，一般都看不到。农药管理严格，购买和施用农药必须有“执照”，像驾照一样每年必须学习、考试，考不过不允许购买和使用农药。喷雾器必须年检，不合格不可使用。发达国家病虫防治多由专业公司、服务组织上门服务，农民不需自己打药。

国外蔬菜生产情况

国外蔬菜生产情况

国外蔬菜生产情况

国外蔬菜生产情况

我国蔬菜病虫有多少？

据调查鉴定，我国蔬菜病虫至少 1 800 多种，每年至少 200 ~ 300 种，多时 500 ~ 600 种，每年必须防治最少 50 种，看得见的难防难治的近 20 种，地下看不见的毁灭性病害 10 多种，这么多疑难病虫实在难为农民朋友。仅番茄病害就有 40 多种，害虫 10 多种；黄瓜病害 40 多种，害虫 10 多种；辣（青）椒病害 30 多种，害虫 10 多种；茄子病害 30 多种，害虫 10 多种；根结线虫为害蔬菜数十种……图①至图㊺为我国蔬菜的病虫为害情况。

5
6
7
8
9
10

11
12
13
14
15
16

17
18
19
20
21
22

23
24
25
26
27
28

29
30
31
32
33
34

35
36
37
38
39
40

41
42
43
44
45
46

47
48
49
50
51
52

考考您：

以上这么多病虫您都认识吗？知道怎么防治吗？

为什么我国病虫难防治？

我国蔬菜至少150种，由南到北什么都种，想种什么就种什么，爱什么时候种就什么时候种，你种你的我种我的，千家万户各自为营。地里生了病虫猛打药，其实在不知不觉地传播病虫、繁殖病虫。有些病虫不需打药，或打药根本不管用仍然打药，而上万种农药哪种合适？好多种病虫同时发生怎么治？

病虫严重就多对药，多种农药一起打，久而久之好药不管用了，病虫越来越难防治了。

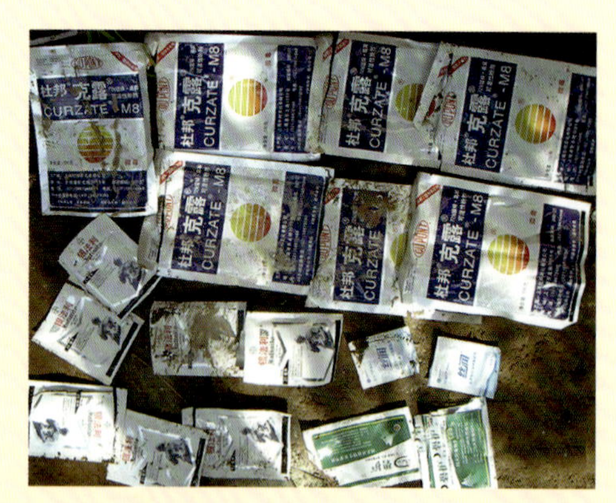

随意混用严重超量用药

落后喷雾器喷雾效果

随意配对农药

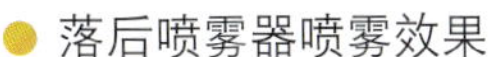
落后喷雾器喷雾效果

喷雾效果

“子弹”一样“枪”不同，防治效果极悬殊

其实，不是农民打药技术差，是我们的“枪”不行。全世界使用的农药都一样，我们用的甚至更新更高级，品种更多。农民打药生怕效果不好都愿多喷点，喷仔细点。由于喷雾器落后，雾滴太粗，即使新的合格的背负式手动喷雾器农药利用率也只有30%。如果塑料材质不好，磨损老化快，农药利用率很快下降，防治效果肯定高不了。发达国家之所以农药利用率比我们高很多，在于他们用的都是最好的“枪”。

如果枪没有准星，再好的狙击手能命中敌人吗？

市售喷雾器

● 农民常用旧式喷雾器

● 农民常用旧式喷雾器

● 农民常用旧式喷雾器

● 农民使用不合格喷雾器

● 农民使用不合格喷雾器

● 农民使用不合格喷雾器

● 农民使用不合格喷雾器

以旧换新回收的喷雾器

日本常温烟雾施药机

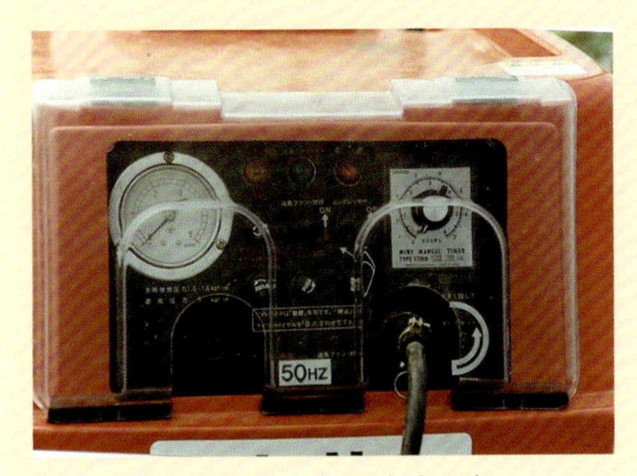

日本常温烟雾施药机配套空压机

德国常温烟雾机

日本背负式机动喷雾机

您清楚一年打多少次药，花了多少冤枉钱吗？

一年 12 个月 52 周，如果一个月打一次药一年就是 12 次，一个月两次就是 24 次，一周一次一年就得打 52 次……您清楚一年打了多少次农药，有多少农药起作用吗？如果您用的是落后喷雾器恐怕七成以上的钱是白花了。

生了病虫必须打药吗？

打药是要防病治虫，得到收益。打药要花药钱、用人工、喷雾器有磨损，如果打药挽回的损失抵不过您的农药、人工和喷雾器损耗，您实际是在做赔本买卖，受累还花冤枉钱。病虫发生较轻，不会造成损失，完全没必要打药。执意打药，不仅浪费，还增加农药对蔬菜、水果产品和生态环境的污染。所以说不是发生了病虫就一定得打药。再说，像病毒病、根结线虫和一些土传病害等多种病虫只要发生了，即便打药也根本不管用。

番茄黄化曲叶病毒病

番茄黄化曲叶病毒病

黄瓜枯萎病（土传病害）

甜瓜枯萎病（土传病害）

番茄枯萎病（土传病害）

● 甘蓝枯萎病（土传病害）

● 茄子根结线虫病（土传病害）

● 番茄根结线虫病（土传病害）

● 黄瓜根结线虫病（土传病害）

考考您：

为什么我们喷药防治病虫效果不好，农药利用率低？

喷了农药就一定会有效吗？

是不是用药越多效果越好？

用多种农药比用一种农药效果好吗？

To prevent and avoid the occurrence of pests

“巧让病虫断子孙”

（源头控制）

病虫到底从哪儿来?

做手术消毒彻底就不会感染，没有沙氏和流感病毒会闹沙氏、闹流感吗?

作物生病虫也一样，如果菜棚里或地里压根就没有病虫存在，病虫就不可能发生。病虫到底是从哪儿来的呢?您想想，是不是菜地周边、种苗、棚室表面、土壤和蔬菜、水果采收完了扔掉的菜秧烂叶、枯枝落叶、坏果为病虫的主要传播来源?还有别的吗?

蔬菜残体传带病虫

番茄苗传带线虫病

黄瓜苗传带线虫病

芹菜苗传带线虫病

● 茄子苗传带线虫病

● 番茄苗传带早疫病

● 黄瓜苗传带炭疽病

● 黄瓜苗传带霜霉病

● 辣椒苗传带茶黄螨

● 蔬菜残体使棚室传带多种病菌和害虫

● 土壤传带枯萎病菌

● 土壤传带根结线虫

● 土壤传播根结线虫

● 摘除的病果传带大量病菌

● 蔬菜残体传播各种病虫

全程防控使病虫防治更简单容易，种菜少打药甚至不打药

做好种前环境清洁、培育无病虫苗、棚室辣根素（农用芥末）常温烟雾熏蒸消毒、随水滴灌（浇灌）辣根素土壤消毒；生长期防止病虫人为传播；收菜后辣根素集中处理菜秧烂叶。传播病虫的主要关口把住了，后面可以不打药，起码少打很多药。

露天蔬菜、水果生产很难做到所有源头控制，但只要做好了环境清洁，扔下的蔬菜残体和剪下的果枝、摘下的病果集中除害处理，采用不带病虫的菜苗和树苗，病虫发生肯定轻很多，少打很多药。如果配合性诱剂捕杀或杀虫灯诱杀，肯定会显著节药。

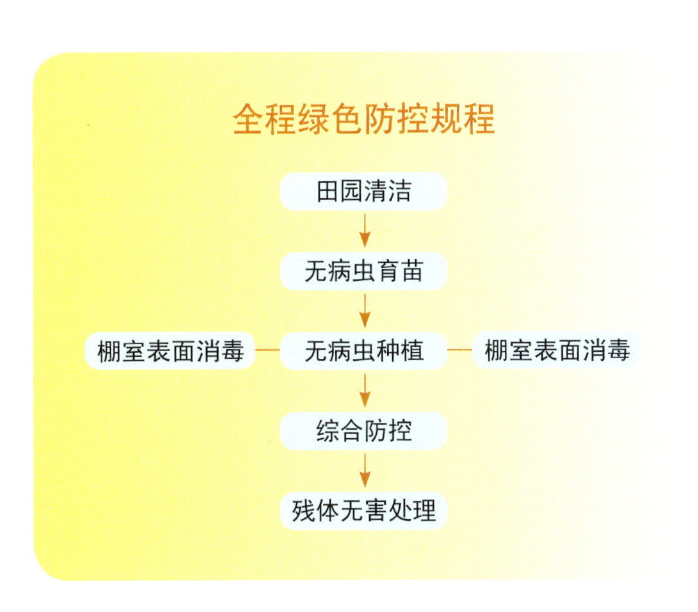

清洁环境

设置防虫网

无病虫育苗

辣根素常温烟雾施药棚室消毒

辣根素滴灌土壤消毒

穿鞋套防止人为传播土传病虫

消毒池防止人为传播土传病虫

蔬菜残体处理

蔬菜残体除害处理

注射辣根素密闭熏蒸蔬菜残体

培育无病虫苗并不难

一家一户育苗做到无病虫很难，专业育苗却很容易。育苗前用辣根素、酸、碱或药剂包衣处理种子预防传带病虫；苗棚、穴盘、基质辣根素熏蒸或浸泡杀灭一切病虫，育苗期病虫自然很少发生。

苗棚辣根素熏蒸消毒

育苗穴盘基质辣根素液消毒

移栽定植前病虫防治

辣根素（农用芥末）熏蒸棚室杀灭 70% 来自上茬的病虫

棚室蔬菜白粉病、霜霉病、灰霉病、叶霉病、早疫病、晚疫病、蚜虫、粉虱、蓟马、斑潜蝇、红蜘蛛等气传病害和小型害虫约 70% 来源于前茬蔬菜拉秧飘出来或跑出来残留在棚室的棚膜、骨架、墙壁、架柴和地表面，棚内种上蔬菜条件合适就会发生。种前一亩（1 亩 ≈ 667 平方米，全书同）空棚选 20% 辣根素水乳剂 1 ~ 2 升对水 3 ~ 5 升，采用超高效常温烟雾施药机喷施熏蒸一夜将彻底杀灭残存病虫。

菜秧传带霜霉病、白粉病、红蜘蛛等

蔬菜拉秧病虫残存

菜秧传带霜霉病、烟粉虱等

菜秧传带白粉病、蓟马、红蜘蛛等

菜秧传带斑潜蝇、白粉虱、蓟马等

辣根素棚室消毒

辣根素棚室消毒

辣根素缓冲间消毒

辣根素使土传病害防控变得简便容易环保安全

根结线虫病、枯萎病、黄萎病、根腐病等毁灭病害只有溴甲烷、氯化苦等剧毒、高毒农药最管用，一亩用几十千克，要专业人员操作才安全，如今一亩选用 20% 辣根素水乳剂 3 ～ 5 升，种前浇透水后再随水滴管（浇灌），密闭熏蒸 3 ～ 4 天，无需散气就可以种菜，安全方便无污染，也不需要等很长时间。

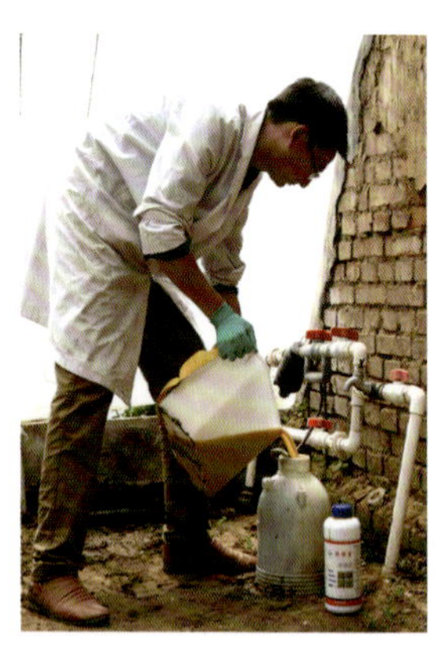
辣根素滴灌系统的施肥罐随水施药

滴灌辣根素膜下熏蒸土壤消毒

辣根素液泼浇没消毒的压膜土壤

辣根素液泼浇没有消毒的走道

喷浇辣根素液土壤消毒

浇施辣根素液土壤消毒

辣根素防治根结线虫效果

没做辣根素处理的根结线虫为害状

辣根素消毒防根腐病效果

没做辣根素土壤消毒的根腐病为害状

辣根素土壤消毒防根结线虫效果（CK 为没消毒番茄根）

丢弃的菜秧病果烂叶和果树枝条传带病虫最多，辣根素点点滴滴全搞定

收菜后随地堆扔的菜秧、病果、烂叶和果树枝条带藏很多的病菌、害虫和虫卵，是发生病虫最主要的传播源，只要不随便乱扔，集中堆起来用废旧塑料布捂起来，1 立方米秧子用注射器注射进去 20 毫升 20% 辣根素水乳剂，病虫就能死光光。蔬菜拉秧在棚内就地堆放、覆膜、注入辣根素，病虫根本传不出去就灭光光了。

考考您：

病虫主要从哪里来？

不让棚室里的病虫跑出去最好怎么做？

种蔬菜、种水果要想少打药或不打药应该怎么做？

蔬菜残体密闭堆沤注射辣根素除害处理

Correct selection of varieties and rational cultivation

"吃药打针不如保健"

（健康栽培）

能人种菜、种果不怎么打药也高产

人不生病就不用吃药，人越健康越不易生病，抵抗力强小病无大碍。种蔬菜、水果高手使用自己的绝招种植管理，蔬菜水果长得很好，病虫发生少而轻就是不自觉地应用了健康栽培防病虫原理和技术措施，最适合蔬菜、水果生长发育而不利于病虫发生繁殖。实际上选用品种、什么时候种、怎么种、什么时候剪枝、施什么肥、施多少、不同肥料怎么搭配、不同生育期怎么追肥、怎么浇水、剪下的枝怎么处理、生产棚室温度湿度怎么管理等都影响病虫发生为害。

● 优化栽培防治病虫

● 优化栽培防治病虫

● 优化栽培防治病虫

● 优化栽培防治病虫

选对了抗病虫品种也不用打药

都知道青壮年不容易得病。其实农作物不同品种抗耐病虫害的能力差异很大，大家熟知的番茄黄化曲叶病毒病、根结线虫病、西甜瓜枯萎病、茄子黄萎病等毁灭性病害都有抗病品种，选对了抗病品种，不用任何药也不得病害。

● 番茄抗线虫品种仙克 8 号与常规品种效果比较

● 黄瓜抗霜霉病品种效果比较

考考您：

种菜不打药行吗？

不用设备最有效防控病虫的技术措施有哪些？

Scientific rotation
for vegetables

巧给蔬菜找“朋友”
（科学轮作）

长期栽种一种菜产量降低，病虫也变得难防难治

一种菜含营养元素少则几十种，多则几百种，老种一种菜的话会把营养物质不断带走，总有少量我们不知道的元素施肥补充不了，越来越少最后稀缺；蔬菜生长跟人一样要呼吸、要排泄，排泄的物质都是对自身无用的，根系排泄（分泌）的物质对自身有害，长期积累越来越多，就跟人长期生活在厕所一样，肯定不利于健康生长，所以产量会越来越低，品质越来越不好。长期种一种菜，为害这种菜的病虫一年积一点，年数久了病虫种类会越来越多、越来越重，尤其是藏在土里面的病虫会越来越难防治。

示连作后土壤元素失衡和大量自毒分泌物积累（彩色颗粒表示营养元素，黑色颗粒表示根系分泌有害物质）

连作致作物生长不好和土传病害逐年加重

示轮作后土壤元素平衡和少量自毒分泌物（彩色颗粒表示营养元素，黑色颗粒表示根系分泌有害物质）

不同科间作物轮作

大类作物间轮作

怎样给蔬菜找朋友？

一是尽可能找远亲，即不同科或不同大类的蔬菜进行轮作；二是找病虫不交叉为害的，也就是轮作的蔬菜要避免有相同的病虫种类，最好找病虫不喜欢的蔬菜轮作。推荐以下几类可以有效控制病虫发生的适宜茬口安排模式。

（1）水生作物－各类蔬菜－水生作物－各类蔬菜。

（2）茄科、瓜类、豆类、生菜、芹菜－葱、姜、蒜、小菜－茄科、瓜类、豆类、生菜、芹菜－葱、姜、蒜、小菜。

（3）茄科、瓜类、豆类、生菜、芹菜－十字花科蔬菜、菠菜－茄科、瓜类、豆类、生菜、芹菜－十字花科蔬菜、菠菜。

（4）茄科、瓜类、豆类、生菜、芹菜－甘薯、马铃薯、洋葱－茄科、瓜类、豆类、生菜、芹菜－甘薯、马铃薯、洋葱。

考考您：

轮作防治病虫的原则是什么？

Mating disruption and attractant control by sex pheromones

治虫巧用“美人计”
（性诱捕诱杀）

什么样的“美人”可以引诱害虫？

其实引诱害虫的并不是什么“美人”，是人工模仿制造母虫子释放的可引诱公虫子来寻欢交配的性诱剂，可以做成各式各样的形状，如蛾类诱捕器、果实蝇诱捕器、桶型诱捕器、船型诱捕器、三角形诱捕器、漏斗型诱捕器等。“美人计”防虫环保安全无污染，简便有效，不伤害有益昆虫和天敌，害虫不产生抗性，可大量节省农药。

现在很多极难防治的害虫都可以用“美人计”来有效防控。如蔬菜害虫：小菜蛾、甜菜夜蛾、斜纹夜蛾、棉铃虫、烟青虫、小地老虎、黄地老虎、瓜实蝇、豆荚螟、豆野螟、玉米螟、黏虫、粉斑螟、二化螟、稻纵卷叶螟、二点螟、欧向日葵同斑螟、茶毛虫、假眼小绿叶蝉、黑刺粉虱、点蜂缘椿象；果树害虫：柑橘小实蝇、柑橘潜叶蛾、果蝇、香蕉象甲、苹小食心虫、苹小卷叶蛾、苹果蠹蛾、梨小食心虫、梨圆蚧、红圆蚧、葡萄透翅蛾、桃小食心虫、桃蛀螟、烟草粉斑螟、桃潜叶蛾、金纹细蛾、茶尺蛾、李小食心虫、绿盲蝽、松黑天牛等。

性诱剂“美人”（类似橡皮头、玻璃丝）

巧设陷阱让害虫公子中“美人计”

在害虫成虫发生期，露天设置几个害虫性诱捕器，不断缓慢释放母虫子的招亲气味，公虫子飞进诱捕器就被逮捕，有进无出。大量公虫子被逮了，很多母虫子自然就成了“寡妇”，像没有公鸡的母鸡产下的蛋就孵不出小鸡了，害虫就无法繁殖了。

各式各样性诱捕器

各式各样性诱捕器

● 性诱捕

● 性诱捕

● 性诱剂

● 性诱剂使用

● 性诱剂诱捕效果

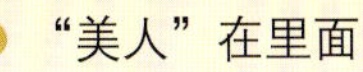

● “美人”在里面

● “美人”在里面

巧布“迷魂阵”累不死你花花虫公子

在少风的天气，露天大量设置性诱剂，长时间大量释放母虫子招亲气味，害虫花花公子们在迷魂阵里长时间翩翩起舞，始终寻找不到如意欢心，活活累死，这块田地就成了名副其实的“女儿国”了。通常，在面积较大，种植相对集中，害虫发生期刮风较少，空气不怎么流动的成片蔬菜或果园应用效果较好。

性诱剂迷向防治果树害虫

性诱剂迷向防治果树害虫

性诱剂迷向防治果树害虫

考考您：

用“美人计”防治害虫的优点是什么？

性诱剂迷向防治小菜蛾

性诱剂迷向防治小菜蛾（固定在立棍旁的中空小黑线为缓释性诱剂）

Mating disruption and attractant control by lights

百虫扑灯自送死

（灯光诱杀）

有些害虫打药根本治不了

一些害虫在田间为害期很难防治，有的害虫打再多的药也治不了。它们祖孙三代同堂，有成虫、卵和幼虫，几十天每天都有小崽出生，小的、中的、大的哩哩啦啦，小的打药能死大的死不了，有的虫子很狡猾，把几十粒甚至几百粒卵用丝被包裹在一起，害虫小宝宝出来怎么打药也杀不了，长大了钻出来打药也奈何不得；有的天生一副龟甲，药根本进不了体内，打多少药也不管用。

● 甜菜夜蛾卵块和幼虫为害状

● 甜菜夜蛾卵块和幼虫为害状

幽灵灯光招引难治的害虫精

甜菜夜蛾、斜纹夜蛾、草地螟、金龟子和果树上的很多种害虫在田间发生为害的时期打药防治都很困难，如果安装杀虫灯，会飞的虫虫们就乖乖地上门送死。只不过杀虫灯诱杀效果差异很大，有的是敌我不分的哟！

● 太阳能杀虫灯夜间使用情况

● 杀虫灯在菜田的使用情况

● 杀虫灯在菜田的使用情况

● 杀虫灯在果园的使用情况

● 杀虫灯在果园的使用情况

● 杀虫灯在果园的使用情况

● 杀虫灯诱杀效果

● 杀虫灯诱杀效果

● 杀虫灯诱杀效果

● 杀虫灯诱杀效果

考考您：

灯光诱杀害虫需要注意什么？

Mating disruption and attractant control by colours

黄蓝黑板逮“色狼”

（色板诱杀）

为何色板能防虫

很多小虫虫都"好色",黄、红、蓝、绿、白、紫、黑各有所爱。因白天阳光太强，白板用不了；庄稼是绿色，绿板敌不过庄稼；很多虫子好黄色，一些虫子好蓝色，有的虫子好黑紫。用粘色板把"色狼"紧紧粘住只有死路一条。

色板诱杀

黄板诱杀粉虱效果

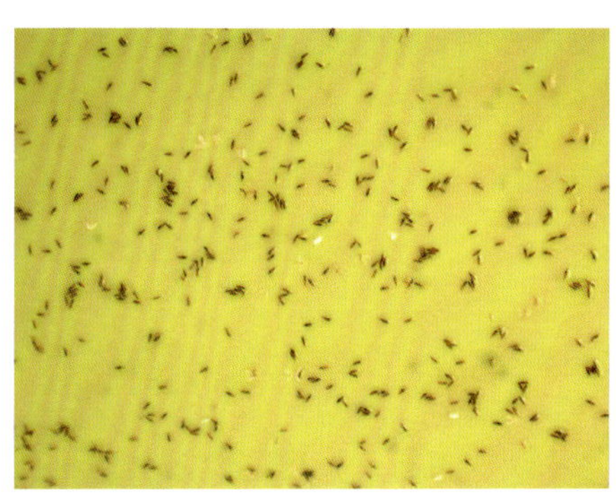

黄板诱杀蓟马效果

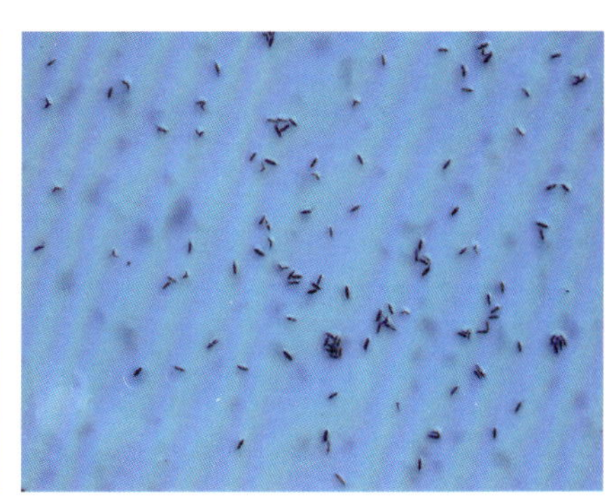

蓝板诱杀蓟马效果

自作色板简单便宜又耐用

蚜虫（腻虫）类、粉虱类、斑潜蝇类和很多种蓟马最喜欢金黄色、橙黄色，一些蓟马和蝇子喜欢深蓝色，一些蚊子（韭蛆）喜欢黑紫色。用废旧三合板、钙塑板、玻璃片、木板、油桶、大饮料瓶，购买金黄色、深蓝色、黑色油漆，均匀涂色阴干，用透明膜包裹后胶条固定，在表面涂抹厨房抽油烟机油盒的废油、机油、凡士林、粘虫胶，挂到田间就捕虫。失去黏性再涂抹，粘满虫子换新膜。

● 自制黄板

● 自制色板诱杀器

● 自制色板诱杀器

自制色盆捕害虫

瓦盆、瓷盆、塑料盘，用金黄色、深蓝色、黑色油漆刷里面，盆沿和外壁涂酱色，阴干后盛清水放在田间，引诱好色的虫虫跳水自杀。

自制黄盆

考考您：

色板诱杀害虫的几个关键您知道吗？

Management of pests
by high temperature

高温杀灭顽病虫
（高温闷棚）

为啥高温闷棚能搞定农药都治不了的疑难病虫？

根据瓜菜和病虫对温度的敏感差异，在霜霉病、灰霉病、斑潜蝇、烟粉虱极其严重，任何农药无法有效防治，用 46 ~ 48℃两小时持续高温闷棚，所有病虫都死光光，叶黄了、瓜化了，生长点还活着。摘掉闷坏的叶片和瓜条，落秧后大水大肥猛催，加强管理，10 天、20 天后正常开花结瓜。

高温闷棚防治美洲斑潜蝇（左图：闷棚前斑潜蝇为害状，右上图：斑潜蝇闷死在叶片内，右下图：闷棚 5 天后黄瓜生长情况）

高温闷棚可以防治哪些病虫？

高温闷棚可以防治瓜类霜霉病、白粉病、灰霉病，番茄灰霉病、晚疫病、叶霉病；多种蔬菜小型害虫，如美洲斑潜蝇、蚜虫、蓟马、粉虱等。闷棚防治病虫不用药，温湿掌控很关键，低了病虫杀灭不彻底，瓜菜闷得弱兮兮，高了瓜菜病虫全完蛋。

● 黄瓜霜霉病

● 黄瓜白粉病

● 番茄晚疫病

考考您：

高温闷棚需掌握哪些要点？

The clever use of allyl isothiocyanate for management of pests

巧用“芥末”消病虫
（辣根素）

农用芥末（辣根素）是最好的生物农药

人吃芥末杀菌通窍，舒筋活血。生吃鱼片必须蘸芥末，用它杀灭病菌和寄生虫。农用芥末就是辣根素，含量是调料芥末油的 1 000 倍甚至数千倍，几乎所有真菌、细菌、病毒、线虫、杂草都可杀灭，无残留、无污染，有机、绿色、无公害。被农业部、环保部、联合国工业发展组织作为替代溴甲烷的首选植物源生物农药。

● 辣根素　● 无毒无残留广谱高效辣根素

棚室蔬菜病虫多，用好“芥末”无忧愁

辣根素易挥发，在密闭空间效果好。空棚用 20% 辣根素水乳剂 1 升 / 亩对水 3~5 升超高效常温烟雾施药密闭熏蒸消毒一宿，20% 辣根素水乳剂 3~5 升 / 亩在浇透水后膜下随水滴灌密闭熏蒸土壤 3~4 天，蔬菜残体或粉碎的果树枝杈注射 20% 辣根素水乳剂 15~20 毫升 / 立方米密闭堆沤熏蒸 5 天以上，可以很好地杀灭棚室表面和空间、土壤内部、植株残体传带的几乎所有病虫，操作得当病虫杀灭效果理想；棚室蔬菜生长期适量辣根素采用超高效常温烟雾机施药熏蒸，低浓度辣根素液随水浇灌土壤也能有效防控多种病虫，还能刺激增产。有菜时需要把握好使用量，别把病虫蔬菜全搞死哟！芥末气味辣眼刺鼻，用时注意防护哟！

● 关棚后辣根素常温烟雾施药熏蒸消毒

● 辣根素液浇灌土壤消毒

● 辣根素滴灌土壤消毒

● 辣根素滴灌土壤消毒

● 蔬菜生长期辣根素低量常温烟雾施药预防病虫

● 注射辣根素病株残体熏蒸处理

考考您：

辣根素可用在病虫防治的哪些方面？

The use of adjuvants

不是农药胜似药

（农药增效剂）

啥东西不是农药胜似农药?

农资店卖的有机硅、渗透剂、展着剂、表面活性剂等不是农药，本身对病虫没有杀灭作用，但可以增强农药的杀毒能力，显著提高病虫防治效果，可以大幅度降低农药用量，这类产品都叫农药增效剂。增效剂与农药混合使用可以使植物和病虫表面粘药更多，停留时间更长，更容易穿透，耐雨水冲刷，减少农药流失。增效剂与农药配合使用可节约成本，减缓病虫产生抗性，减少农药污染。

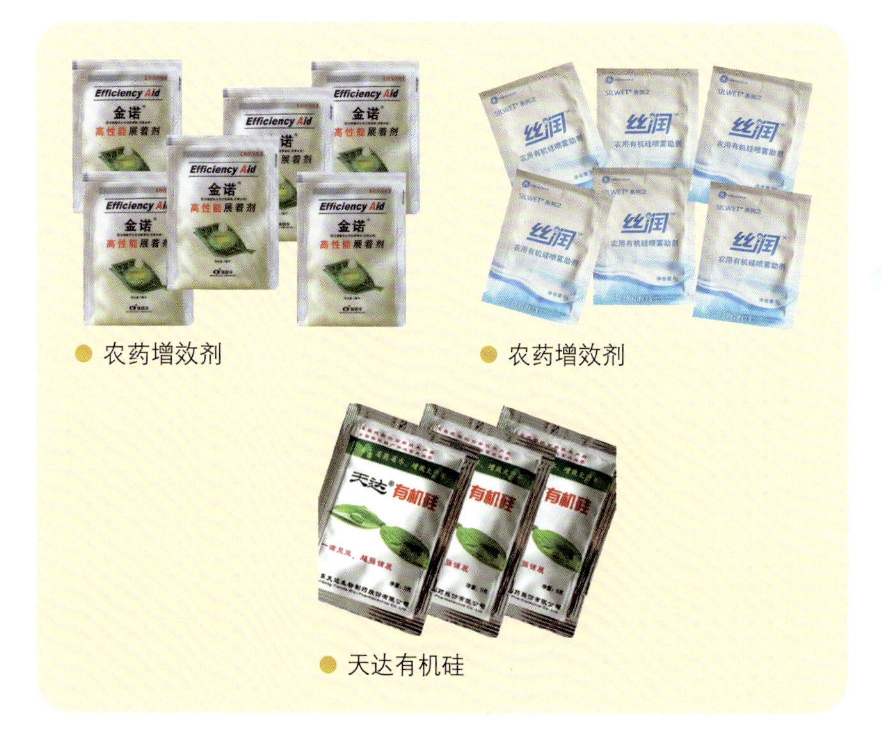

农药增效剂

农药增效剂

天达有机硅

无增效剂普通喷雾效果

加有机硅增效剂喷雾效果

苤蓝喷清水状况

加有机硅增效剂喷雾效果

巧用家里的“增效剂”

一些蔬菜、果树叶片光滑，喷洒农药时作物不容易粘药，稍有抖动药液就滚落了……如果没有增效剂，家里有洗碗、洗手、洗衣服用的洗涤灵、洗洁净等洗涤品在对农药时适当加点，搅匀后喷施，黏着效果会好很多很多哟。

家用洗涤“增效剂”

荷叶喷清水状况

荷叶喷加少量洗涤灵水初期效果

荷叶喷加少量洗涤灵水后期效果

考考您：

为什么要使用增效剂，哪些作物喷药时应该添加增效剂？

大蒜喷清水效果

大蒜喷洗涤剂稀释液效果

Correct use of cold fogger machine

“用好蔬菜东风-41”
（超高效常温烟雾施药机）

喷药雾滴多大效果好?

喷药雾滴不是越细越好，太细易飘散，药雾水分易蒸发，小于 PM2.5 永远下不来；雾滴太粗很快落下，沾在作物和病虫上的药很少。只有大小适中，50 微米左右刚好在棚室的空中充分飘浮扩散，缓慢均匀降落，时间不长不短，农药浪费最少。露天喷药雾滴太细自然就吹跑了。

● 施用烟雾剂药雾颗粒极细不易沉降

● 施用烟雾剂药雾颗粒极细不易沉降

● 常规喷雾不均匀大雾滴掉落太快

● 常规喷雾农药利用率极低

雾滴越细药剂分布越均匀

如果把落后喷雾器喷出的 1 个直径 500 微米雾滴变成直径 250 微米，雾滴就成了 8 个，直径 125 微米，雾滴就成了 64 个，直径 62.5 微米，雾滴成了 512 个，直径 31.25 微米，雾滴成了 4 096 个，这就是为什么施药雾滴越细药剂分布越均匀、越省农药的原因。当然，细得像烟一样，沉降时间太长甚至永远落不下来，也影响农药有效利用。

雾滴直径缩小 1/2，小雾滴数量是原来的 8 倍

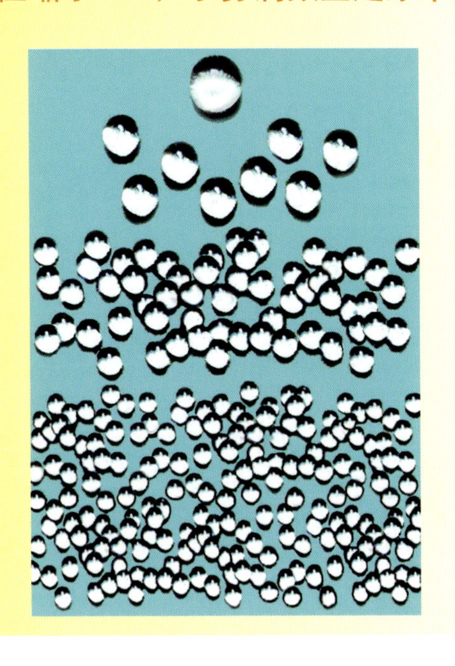

超高效常温烟雾施药机

超高效常温烟雾施药机施药是最先进棚室施药技术，自带小型数码发电机，可人背也可直接放在小车上自动喷施，吹出的药能飘十几米远，雾滴大小适中，喷一亩只要 3 ~ 8 升水，背着机器由里向外后退着对空喷，施药一亩只需 5 ~ 10 分钟，农药利用率提高 30%，节省农药 40% ~ 60%，阴雨雪天、雾霾天都可喷。用水多少不影响药效，任何人喷药防治效果都有保障。如果矮小弓棚进不去，或是温室大棚喷药走得太快药液没喷完都可以在棚外面吹进去。

超高效常温烟雾施药机主机

自发电超高效常温烟雾施药套机

摆喷机构

电动卷线机构

配套数码发电机

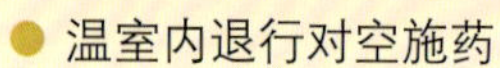

温室内退行对空施药

温室内退行对空施药

大棚内退行对空施药

大棚内退行对空施药

剩余药液在棚外通风口施药

弓棚外向棚内施药

小棚外向棚内施药

蔬菜“东风-41”最适合棚室病虫专业化防治服务

棚室病虫种类多、最难防，打农药最多，产品农残风险高，环境污染相对重。超高效常温烟雾机施药省药节水高功效，熟练操作每台机器一天可防近百棚，只要药对症效果肯定没问题。特别是极端天气普通喷雾不能防，超高效常温烟雾施药不受限。

超高效常温烟雾施药机施药服务效率高，不存在效果不好的技术风险，实际操作简单容易，多位合作社社长放弃当村干部领头成立专防队为社员打药服务，称超高效常温烟雾施药机为“蔬菜东风-41”，无需对着蔬菜喷，各个部位都能均匀着药！

北京蔬菜病虫防治飞虎队

北京互联农业服务队

北京巨禾专业服务队

● 北京南河菜缘合作社服务队

● 北京嗒嗒农服大学生创业团队服务队

● 北京中捷四方专业服务队

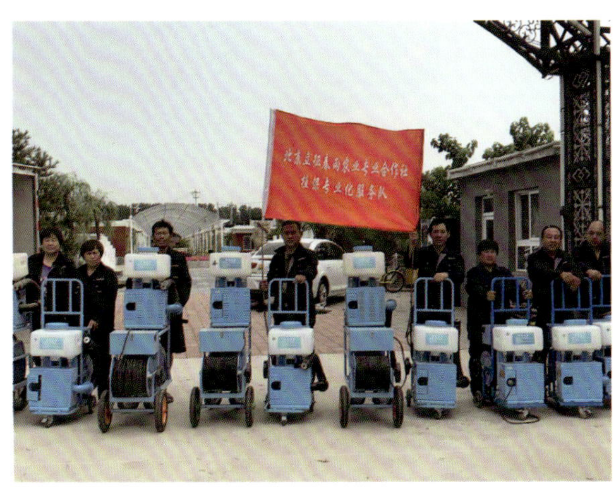

● 北京立征春雨合作社服务队

● 北京新地绿源合作社服务队

● 北京物阜源丰合作社服务队

● 河北司马庄绿豪合作社服务队

超高效常温烟雾施药造福中国人

防治病虫要打药，落后喷雾器打药多、浪费多、污染多、花钱多，搞得不好事故多。超高效常温烟雾施药机施药根本上解决了落后喷雾器棚室打药次数多、效果差、农药浪费、污染和残留超标等问题，《农民日报》《人民日报》《科技日报》等 20 家媒体专门宣传报道，称赞它为绿色喷药“神器”“利器”“新枪”“新装备”……希望它真真切切服务农民，造福中国人！

考考您：

常温烟雾施药用水多少影响防治效果吗？

超高效常温烟雾施药能帮助我们解决哪些问题？

高效施药配“新枪” 我国设施园艺高效施药器械迎来更新换代

中国食品报 用上新装备 打药更轻松 新机器把“子弹”射得更远

“傻瓜机”分分钟搞定喷药那点事

中国消费网

京津冀农户共享喷药“神器” 绿色植保器具 有助于降低农药残留

北京日报 京津冀推广绿色植保喷药 " 利器 " 京郊日报

千龙网 www.qianlong.com 中国首都网 喷药“神器”将覆盖京津冀助力“菜篮子”绿色防控

北京日报
京津冀推广绿色植保器具
京郊日报
京津冀农户共享喷药"神器"
科技日报
综合新闻
农民日报
高效施药配"新枪"
农资导报
人民日报
用上新装备打药更轻松
京津冀联手推广绿色防控
新农村
经济 10
新华网
喷药"神器"将覆盖京津冀助力"菜篮子"绿色防控
千龙网
京津冀推广绿色植保喷
中国经济新闻网
平稳开局
China Business
中国工商
图片中国
2016新东方夏令营
全媒体调查报道
中国农民网
京津冀推广绿色植保器具 有助于降低农药残留
中国食品报
服务构建食品安全
京津冀推广 绿色植保喷药"利器"
[千龙图像看北京] "傻瓜机"分分钟搞定
2016中国3·15年度报告
中国消费网
京工网
喷药"利器"在京津冀示范推广
京津冀推广绿色植保喷药"利器"
人民网
京津冀联手推广绿色防控 用上新装备 打药更轻松
打药又添新装备

不忘初心 牢记使命

Remain true to our original aspiration and keep our mission firmly in mind

每个人因为工作不同，所处环境不一样，初心和使命的具体内容有所不同，实质是做好自己本职工作，更好地服务于社会，服务于国家。普通人的初心是过好日子，健健康康；使命是做一个对社会有用的人，对国家有一定贡献的人。最朴实的菜农、果农朋友们生产的初心是争取高产丰收多卖钱，使命是安全优质供市场;他们像无名小草，落地生根，无需更多呵护，绽放美丽小花。优秀科技工作者的初心是搞好科技创新，使命是振兴各自的工作领域，为国家、为民族争光添彩。

我们作为蔬菜安全的捍卫者，初心是为农民提供最好的技术，更好地解决蔬菜病虫防治难题；使命是最大限度减少农药用量，改善生态环境，保障蔬菜质量安全，控制农药面源污染。

大兴现代农业技术创新服务

10多年前，一群“80后”在远离村庄的千亩棚海园安营扎寨，拉水做饭，蚊虫为伴，起早贪黑，不忘初心，牢记使命，创立“北京市现代农业创新示范基地”，为菜农查病虫、做试验、搞培训、解决疑难问题；攻克安全韭菜生产难题，开展蔬菜病虫专业化防治服务，探索服务模式；配合植保部门示范推广病虫绿色防控技术；在相关领导和部门的支持下，不断探索、实践、验证，总结出蔬菜病虫“产前预防，源头控制；产中综合防控，高效防治；产后蔬菜残体除害处理资源化利用”全程绿色防控技术体系。得到广大菜农和相关领导的高度认可。

创新服务基地建设

2007年根据京郊大面积发展设施蔬菜，非盈利公益性单位——北京市大兴现代农业技术创新服务中心来到京郊榆垡郭家务村新建2000亩温室群中创立“北京市现代农业技术创新服务综合示范基地”。

中心驻地

中心驻地

中心驻地

创建示范基地

开展病虫专业化服务模式机制探索

根据首都现代蔬菜产业未来发展的实际需要，在全面开展菜农基本情况调查的基础上，针对蔬菜病虫种类多，为害损失严重，菜农自己防治存在这样那样的问题，开展蔬菜病虫防治技术咨询指导、指导＋物资服务、完全承包服务等不同服务模式和机制探索。

农民需求调研

签署承包防治服务协议和建立档案

服务准备

防治服务

接电准备

防治服务

防治服务与药瓶回收

开展疑难病虫试验研究

针对多种毁灭性强，很难防控，容易出现农残风险的蔬菜疑难病虫开展系统观察和单一、综合防治技术试验研究。特别是针对被誉为蔬菜“癌症”的蔬菜根结线虫、枯萎病、疫病、番茄黄化曲叶病毒病、烟粉虱等毁灭性病虫开展重点突破性试验研究。

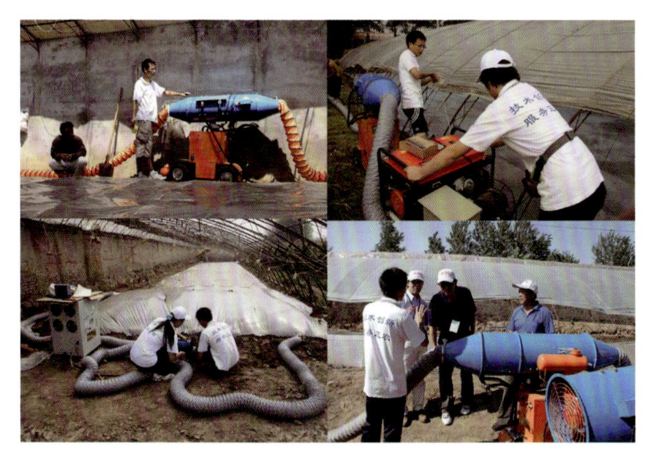

● 臭氧防治根结线虫病等土传病害试验研究

● 辣根素防治根结线虫病等土传病害试验研究

开展综合技术示范

针对普遍依赖药剂防治，疑难病虫难于防控的情况，在试验验证基础上多形式开展成熟技术示范推广。

● 病虫无公害综合防治技术示范

● 病虫全程绿色防控综合示范

开展多形式培训

开办农村社区 发展农民田间学校

● 开办农民田间学校

● 农民水平票箱测试

● 学员分组定期观察

● 把小组在地里看到的画出来

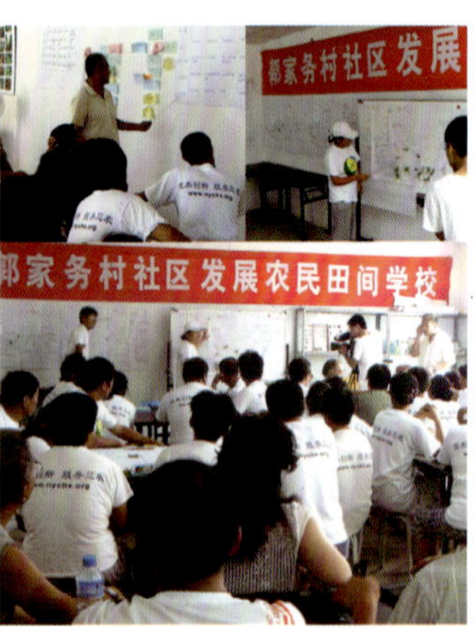

● 小组决策让大家分享

● 彻底明白农药标签

协调一致才能实现目标（共同让笔杆放进瓶内）

团队活动改变自我意识

考考您：

田间学校是怎么回事？

为什么要开办农民田间学校？

开展夜间培训

根据白天农民干农活没时间，只有夜间晚饭后才有时间参加学习的情况，中心人员开车进村巡回培训3个多月，利用20：00～23：00点农民自由时间讲授各种实用技术和植保知识，有时深夜才能吃饭。

开展夜间培训

开展专业化防治与综合技术培训

病虫专业化防治服务是新生事物，开展蔬菜病虫专业化防治服务是中心人员要开展的核心业务，早期农民和农民合作社不知道怎么回事，需要结合病虫综合防治技术进行培训。

开展专业化防治与综合技术培训

开展技术咨询与服务指导

技术咨询

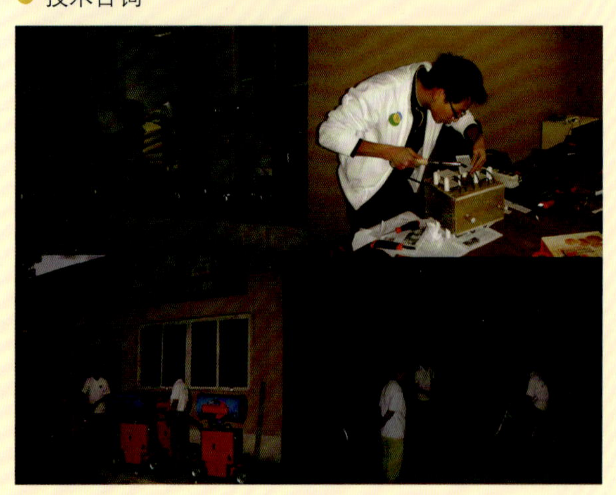

夜间服务

指导合作社服务

攻克安全韭菜生产难题

社会最关注韭菜的农药超标问题，主要是由于“韭蛆”难防难治严重影响韭菜的正常生产。“韭蛆”不是一种害虫，而是两类钻根害虫的俗称，由于韭菜长在地上看不见韭蛆，不同年份发生时间早晚、韭蛆种类和比例又不相同，施药早了害虫没出来药剂就失效了，施药晚了害虫已经钻蛀，为了维持正常生产农民多使用持效期较长的化学农药灌根，个别违规使用国家禁用农药。除了韭蛆外，韭菜安全生产还存在病害和杂草严重为害问题，为了解决韭菜安全生产问题中心人员把韭菜安全生产作为重中之重的业务。

● 韭蛆等病虫有机防控研究应用

● 深夜（-16℃）跑步为韭菜温室加煤取暖防冰冻

● 创立有机韭菜品牌

开展科普宣传

根据全面推广蔬菜病虫防治实用新技术的需要，协作相关部门拍摄出版科普光盘。

● 协助拍摄科普节目与光盘

● 制作光盘

简陋生活

在远离村庄的棚海园驻扎，拉水做饭。夏天炎热，蚊虫泛滥；冬天寒风透壁，11 月水管冻冰，喷灯喷烧 20 多分钟才出水，1 个月去 30 千米外的县城洗个澡，一段时间室内最高 -5℃，只好吃完饭就上床钻被窝，胸前抱个小热风机取暖。

以虫为伴

就地解决吃饭问题

喷火取水

精韬伟业、中农齐民不为逐利搞创新

喷雾器是农民的必备生产工具，长期处于落后状态，由于利润很低没有多少企业愿意涉足。精韬伟业出于对农民的了解和热爱，不忘初心，牢记使命，不断研发生产适合农民使用的病虫防治新器械等环保型技术产品。常温烟雾施药是20世纪80年代发达国家普遍使用的高技术施药方式，具有农药利用率高、不损失有效成分、施药不受剂型和天气限制等优点，但外国机械价格昂贵、功率高，不符合国情。精韬伟业长期配合北京市植保站常温烟雾机的研发试制，不断改进升级，最终产业化生产出彻底改变我国施药现状的显著节药、节水、超高效常温烟雾施药机。

研发生产新型环保植保器械

温时自控浸种箱

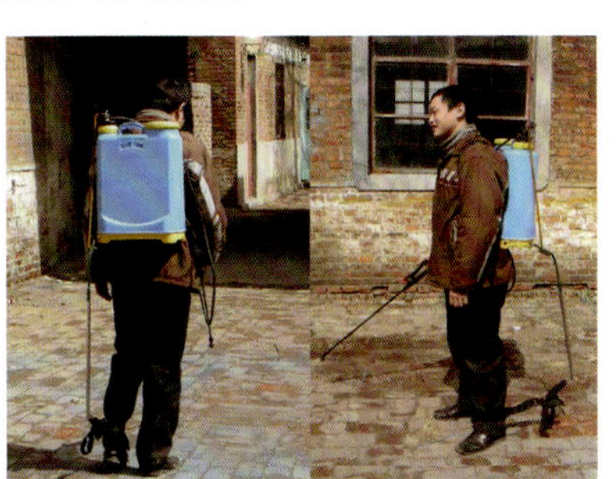
脚拉双项流稳压喷雾器

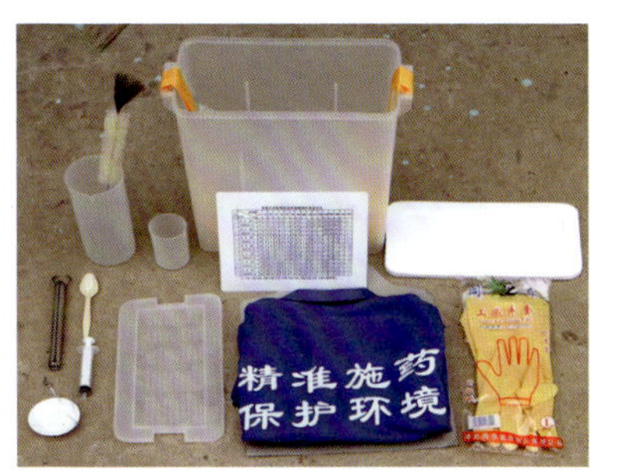

精准施药配套量具

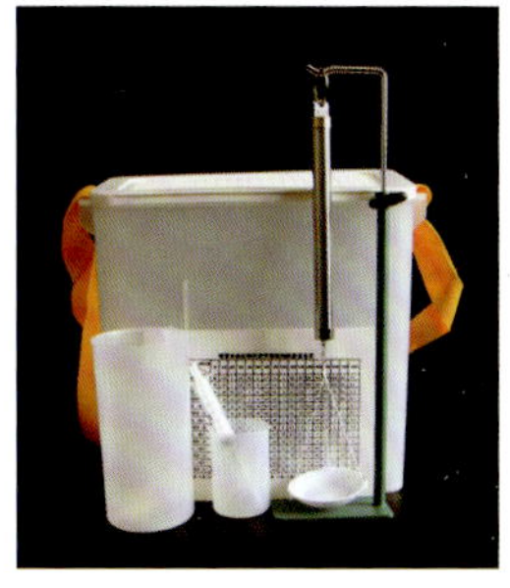
精准施药配套量具

喷粉器

喷粉器

喷粉器喷施粉尘作业

● 臭氧土壤消毒机

● 太阳能蒸汽补热土壤消毒系统

考考您：

为什么要研发这些环保植保器械，它们都有什么用？

开展常温烟雾施药机研制生产

● 核心机

● 一代常温烟雾机

● 自动转向常温烟雾机

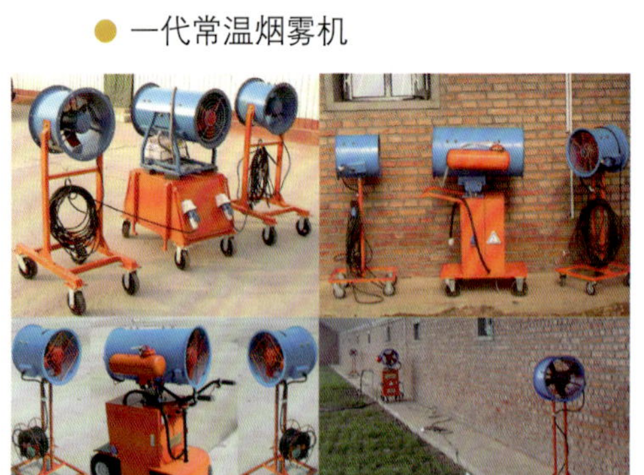

● 自动转向增距联动自控常温烟雾施药套机

● 自控常温烟雾施药

自控臭氧消毒常温烟雾施药套机

自控臭氧棚室消毒、土壤消毒、烟雾施药

超高效背负常温烟雾机

考考您：

为什么要研发生产常温烟雾施药机？

研发农业垃圾处理装备

蔬菜残体等农业垃圾传带大量病菌和害虫，是病虫传播最主要的来源，不经处理随意堆放不但传播病虫，还滋生蚊蝇，散发臭味，影响环境。有效处理带病虫的蔬菜残体是病虫源头控制的有效措施，能显著减少田间打药。

太阳能臭氧农业垃圾处理站

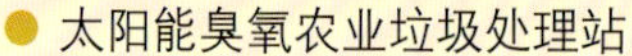

太阳能臭氧农业垃圾处理站

移动式臭氧农业垃圾处理装置

建造太阳能周年育苗温室

针对传统温室育苗环境不可调控，菜苗不整齐，质量无保障，经常传带病虫，冬季和夏季很难正常育苗而进行设计建造。利用太阳能集热管白天集热、夜间散热，在白天将全年室外未利用的太阳能以热水方式蓄存到地下热水储存池，冬季需要时给温室加温；夏季炎热用凉水池中的凉水给温室降温，必要时外加水帘增湿降温，夜间气温低时将蓄水池中凉水泵到太阳能集热管内散热降温，通过自动监控系统调控温湿度，实现周年育苗。

基础施工

地下冷热水蓄水池

温室地暖管

温室覆土

铺散热地面

设置疫苗床架

温湿调控系统

太阳能及综控系统

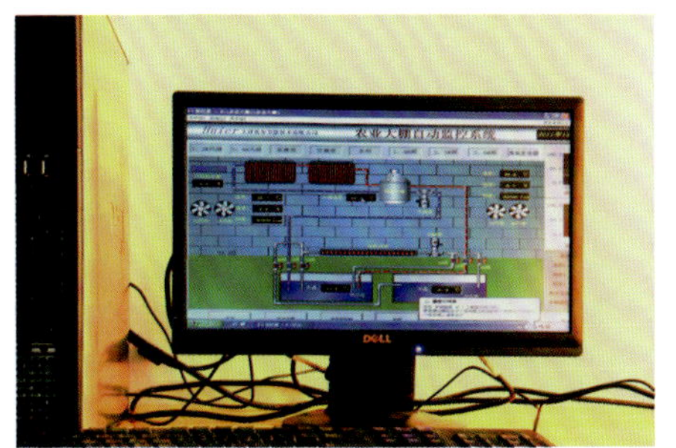

太阳能及综控系统

3 层周年育苗温室

研发农村小型污水太阳能臭氧生态处理系统

针对农村生活、生产、养殖等小型污水缺乏简便有效的处理方法，且影响农村环境而设计，通过沉淀、太阳能臭氧系统净化、沙粒过滤和生物净化，使污水有效处理、循环利用。

多级处理池

多级处理池

太阳能臭氧农村小型污水处理站

太阳能臭氧农村小型污水处理站

污水处理前后效果对比

污水处理后养鱼效果

太阳能臭氧农村小型污水处理站景观

中农齐民不谋利益，为推进现代农业发展，联合相关专家不断研发新技术、新产品，探索技术推广模式，创新现代农业技术服务机制，成功集成并示范应用蔬菜病虫全程绿色防控技术体系。依托北京市大兴现代农业技术创新服务中心核心技术和精韬伟业的优质产品保障，在植保部门的指导下坚持开展蔬菜病虫全程绿色防控技术服务模式与机制创新的探索实践，成立了全国第一支蔬菜病虫专业化防治服务组织——北京市蔬菜病虫防治飞虎队，成功建立蔬菜病虫专业化防治服务组织建设标准、服务模式、操作流程、考核管理标准等。创新性成果得到方方面面认可，已在京郊全面推广，“北京农药肥料面源污染综合防控技术研究与应用”2015 年获中华农业科技二等奖，“北京蔬菜绿色高效生产技术集成与推广应用”2016 年获农业部丰收一等奖，相关技术被农业部向全国推广。

开展蔬菜病虫专业化防治服务机制模式探索

● 创立病虫防治飞虎队

● 开展专业防治服务

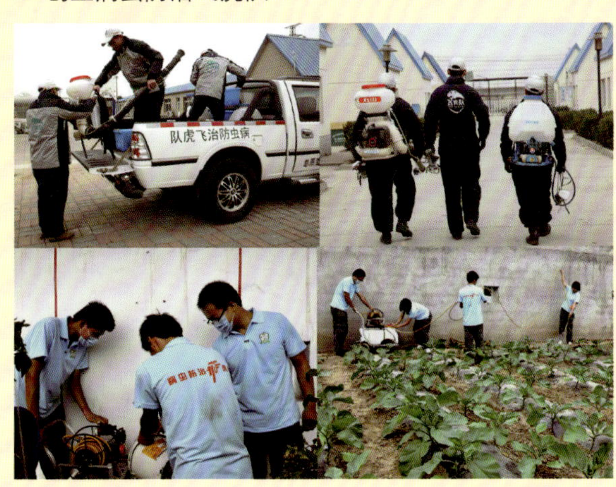
● 开展专业防治服务

● 开展专业防治服务

● 开展应急防治服务

● 开展专业防治服务

开展安全韭菜产业化生产

● 基地建设前

● 基地生产中

● 韭菜全程机械化

● 创建飞虎队韭菜品牌

协助相关部门组织重大活动

北京市（人大、市农委、市农业局、市环保局、市土地局、市水务局）控制农业面源污染现场观摩活动

全国食品宣传周农业部主题日现场观摩

全国食品宣传周农业部主题日现场观摩

北京市主管副市长视察京郊面源污染防控

农业部韩部长视察北京草莓嘉年华蜜蜂授粉（飞虎队指导巨禾专防队全程承包服务基地）

联合国工业组织安迪视察京郊辣根素替代甲基溴情况

● 北京市人大和北京市（市农委、市农业局、市环保局、市土地局、市水务局）领导观摩京郊农业面源污染防控基地

● 韭菜安全生产研讨交流

● 蔬菜病虫绿色防控观摩

敬 献：

第七届国际草莓大会

有机草莓
生产与管理

完成单位：

北京市植物保护站 昌平区植保植检站
种苗健康北京市工程研究中心
种子病害检验与防控北京市重点实验室
北京市大兴现代农业技术创新服务中心
中农齐民（北京）科技发展有限公司

2012年2月

Dedicated to：

7th International
Strawberry Symposium

Organic Strawberry
Production & Management

Implemented by:
Beijing Plant Protection Station
Changping District Plant Protection & Quarantine Station
Beijing Engineering Research Center of Seed and Plant Health
Beijing Key Laboratory of Seed Disease Testing and Control
Beijing Daxing Modern Agri. Tech. Innovation Service Center
China-Agri-Chhi-Min (Beijing) S & T Develop. Co., Ltd.

February 2012

● 接待国际草莓现场观摩技术手册

● 有机草莓中英文展板

● 接待国际草莓大会现场观摩

开展蔬菜病虫全程绿色防控技术示范与宣传

开展技术示范

协助制作科教节目

协助制作科教节目

研发推广生物多肽优质高产技术

生物多肽为植物生长激活剂，可显著增强作物代谢功能，提升作物生命活力，提高光合效率，促进叶绿素合成、花芽分化；显著增强作物吸收水分、养分能力，加速生长，延缓衰老；可显著增产抗逆、改善品质、提高产品耐储性和商品率。

辣椒生物多肽观摩推广

番茄使用生物多肽效果对比

茄子使用生物多肽效果对比

芹菜使用生物多肽效果对比

圆白菜使用生物多肽效果对比

生姜使用生物多肽效果对比

籽用西葫芦使用生物多肽效果对比

马铃薯使用生物多肽效果对比

花生使用生物多肽效果对比

花生使用生物多肽效果对比

甘薯使用生物多肽效果对比

大豆使用生物多肽效果对比

小麦使用生物多肽效果对比

● 鲜食玉米使用生物多肽效果对比

● 苹果使用生物多肽效果对比

● 鲜桃使用生物多肽效果对比

● 葡萄使用生物多肽效果对比

● 草莓使用生物多肽效果对比

● 鲜花使用生物多肽效果对比

● 鲜花使用生物多肽效果对比

积极推进病虫专业化防治

农业产业化服务是现代农业发展的趋势，我国蔬菜生产规模小、病虫种类多、损失重、情况复杂、施药器械落后，防治用药是大田作物的10倍至数十倍，田间施药强度很高、效率低，费工费钱效果还没谱，最容易出现质量安全问题。专业化防治服务是菜农的诉求，是产品质量安全的根本保障，是控制农药面源污染的重点，是全面减少农药用量的重中之重。蔬菜病虫专业化防治是一件新生事物，经几十年努力尽管在技术和设备方面最大程度降低了专业化防治服务的难度和风险，但蔬菜专业化防治服务组织建设处于起步阶段，服务人员和被服务菜农对蔬菜专业化防治服务还比较陌生，大家没有形成共识，需要全社会关注和支持。

蔬菜专防服务管理系统

菜农希望方便找专业服务，找到自己认可的高效优质服务；专防组织需要技术指导，希望得到应有的服务报酬，得到社会认可，提供的服务能够被菜农自愿接受；消费者直接受益于专业化服务，希望买到专业化服务后用农药较少、真正安全放心的蔬菜产品；植保部门职能是指导服务组织开展高效服务，帮助解决技术问题，提供技术保障，负责专业化服务的日常业务管理；政府是决定专业化服务发展的主体，职责是积极宣传、培育，经费支持，通过政府购买服务吸引更多的专业服务公司、合作社、创业团队广泛参与，通过政策引导建立持续发展的长效机制。

近年来借助北京飞虎队服务模式与经验，京津冀通过政府支持或自发成立了一大批蔬菜专防组织，或多或少存在一些问题，为了有序推进蔬菜病虫专业化防治服务组织建设，规范服务行为，实施有效管理，北京市植保站专家指导北京际峰天翔公司开发了“蔬菜专防服务管理系统”，借助互联网、移动互联网和手机终端试用远程专业化防治服务实时、高效过程化管理。菜农用手机查找专防队，查看、评价服务；专防队通过互联网安排防治，作业过程手机实时拍照，照片时间戳、棚室坐标直接进入系统（不可改动），依据服务数量、效果获取服务报酬（政府补贴）；植保站随时指导、查验、监管专防队服务情况；市民通过手机扫码查看、追溯蔬菜产品病虫防治全过程，买得安心、放心。

飞虎队变飞虎团

专业化防治服务事业是国家的事业，人民的事业。专防人不忘初心，搞好服务，节本增收；牢记使命，高效节药，改善生态，蔬菜更安全。我们坚信，在全社会的关注和支持下，蔬菜病虫专业化防治飞虎团将很快建成。

有志于蔬菜病虫专业化防治服务的专防人：撸起袖子加油干，一张蓝图绘到底！！！

积极推进专业化服务

积极推进专业化服务

● 积极推进专业化服务

● 积极推进专业化服务

● 组织专业化服务培训观摩

● 组织专业化服务培训观摩

● 组织专业化服务培训观摩

● 不忘初心来参赛

● 不忘初心来参赛

● 胸有成竹兑准药

● 力争又快又好拿名次

● 农业部全国农业技术推广服务中心领导给参赛队鼓劲助威提希望

● 服务队技能竞赛圆满成功 收获满满

● 撸起袖子加油干 一张蓝图绘到底

巧妙使用辣根素
生活更健康

The clever use of allyl isothiocyanatewould make healthier

我们生活的环境隐藏着各种各样的病菌、害虫，随时都在影响着我们的健康。果蔬、肉食腐烂变质，蚊虫叮咬，存放的粮食干货霉变，大家都熟悉，还有许多大家尚未注意到的方面，或许会给我们的健康生活造成潜在危害。

辣根素是从辣根、山萮、芥子、芥菜等植物中筛选提取的成分，和芥末一模一样的“农用芥末”，对几乎所有真菌、细菌、病毒、线虫、昆虫等生物都具有杀灭作用，无毒、无害、无污染，在农业溴甲烷替代方面得到国家农业部、环保部、联合国工业发展组织的肯定和支持，美国和欧盟等国家和地区用于有机生产。

巧妙使用辣根素，不但可以避免果蔬、干货等食品的损失和浪费，减少多种致毒病菌的危害，还可以消毒除味，杀灭病菌和害虫，驱赶飞来的虫子等，使生活环境更洁净，生活更健康。

久存杂粮干货无病虫

长期以来，粮食和一些储藏的货物都会因霉变生虫造成很多损失。大型仓储防止粮食、货物发生霉变生虫多使用毒性较高的磷化铝、磷化锌、氯化苦、敌敌畏等化学药品。农民和城市居民居家过日子储存五谷杂粮、各种干货，例如干蘑菇、木耳、银耳、黄花、大枣、枸杞等时常霉变和生虫，严重时扔掉了事。为了节约怕浪费，会食用轻微霉变的东西，这样多少会对身体健康有影响，特别是花生、大豆、玉米、水稻、小麦、辣椒等干品和制品，受潮后极容易产生黄曲霉，因黄曲霉毒素是强致癌物，食用带黄曲霉的食物对身体健康极其有害。

如果把辣根素水乳剂装在不同大小的容器中和储存的粮食等干品一起放在密闭容器中使辣根素缓慢释放出来，弥漫在存放物品的缝隙间，就可以杀灭物品表面所传带的各种病菌、虫卵和害虫，基本上可以防止储存物品在存放期间发生霉变和生虫。当然存放物品的颗粒大小、形态不同，存放时间长短不一，物品量多量少，辣根素的用量不一样。不需要特别精准，可用各种废弃包装瓶或不怕挤压的容器，在瓶盖上打不同数量的孔，用药棉、海绵或吸水纸蘸吸辣根素水乳剂后放进包装瓶或不怕挤压的容器中盖好盖，和存放的物品放到一起，外面再密封起来自然就不会发生霉变和生虫了。只要密封的包装不漏气，外面的病菌和害虫进不去，储存的物品就会干净无损。只要不是很短时间就食用也不用担心存放物品会带辣根素气味。如果需要存放的物品很多，可以多用几个释放辣根素的容器和存放的物品均匀混合摆放，辣根素就可以均匀分散开。如果存放芝麻、小米等微小颗粒物品，瓶盖就无需打孔，直接把蘸吸辣根素水乳剂的棉花、海绵放进里面，用时不要把瓶盖拧紧，让辣根素从细缝中散发出来，避免微小颗粒物品堵塞小孔。

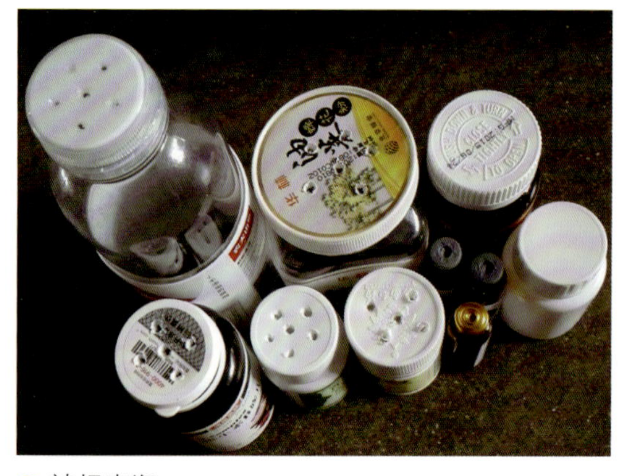

● 辣根素瓶

● 辣根素瓶

● 储粮防虫防霉　● 大米防虫防霉　● 小米防虫防霉

● 玉米碴　● 大豆　● 绿豆

● 红小豆　● 黑豆　● 薏米

● 花生　● 花生米防虫防霉　● 莲子

● 枸杞防虫防霉

● 银耳

● 黑木耳防虫防霉

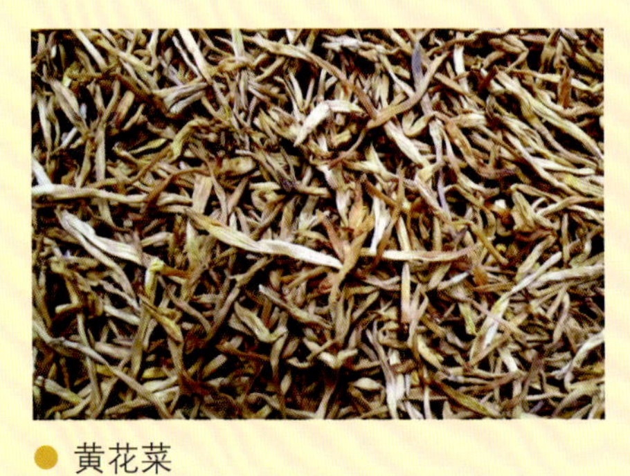

● 黄花菜

● 腐竹防虫防霉

● 香菇防虫防霉

● 核桃

● 胡桃

● 开心果

● 板栗

考考您：

为什么辣根素不直接倒进容器中而用药棉或吸水纸蘸吸辣根素水乳剂放在容器里面？操作时应注意什么呢？

蔬菜水果久放不易坏

无论什么蔬菜和水果，没有病菌感染放较长时间都不会腐烂，如果空气干燥湿度低，蔬菜水果就会因失水逐渐萎蔫，温度较高会因自身呼吸和代谢消耗自己的养分使品质不断下降。如果不带病菌，储存的温度和湿度很合适，蔬菜水果可以冷藏很长时间。标准的大型冷库可以根据需要很好地冷藏需要储藏的蔬菜水果；农民朋友的蔬菜水果往往同时大批下来后长途运输到市场，经常发生腐烂；市民朋友有时一次买回家的蔬菜水果较多，因没有合适的保存方法也时常发生腐烂。

对一些外皮较厚表面不容易弄破的蔬菜水果，如苹果、梨、葡萄、柑橘、鲜枣、樱桃和番茄、青椒、辣椒、茄子、扁豆、洋葱、大蒜、生姜、马铃薯等，可以用一定浓度的辣根素水乳剂稀释液直接浸泡一定时间后捞出，再装进包装箱或包装框里，最好保持密封储存以防外面的病菌再次引起感染。有些蔬菜如大白菜等砍收形成的伤口特别容易感染软腐细菌而恶臭腐烂，不便整棵浸泡，可用辣根素液浸泡最易腐烂的基部。如果需要处理的蔬菜水果很多，可以将装好的蔬菜水果一起放进对好辣根素水乳剂的大缸、大桶或水泥池中浸泡一定时间后取出再运输上市或冷藏。对一些表皮容易弄破、柔软多汁的蔬菜水果，如鲜桃、草莓、蓝莓、桑葚和不便浸泡的蔬菜如黄瓜、苦瓜、菜花、莴笋、大葱和西瓜等可像储存粮食一样，在不同大小的密封容器里面装满吸辣根素的药棉、海绵或吸水纸，然后将需要储存的蔬菜水果一起放进去。当然，用辣根素浸泡过的蔬菜水果储存时再加上可以释放辣根素的药瓶效果肯定更好。辣根素对病毒、真菌、细菌等杀灭力极强，所以只需要很低浓度就可起到储存灭菌作用。辣根素持效期一般只有几天，只能杀死蔬菜水果外面的病菌，如果病菌已经感染潜伏到蔬菜水果表皮内部，处理只能延缓蔬菜水果发病腐烂的时间，所以，处理前严格挑选无病无伤的健康蔬菜水果非常重要。要取得理想效果，在处理后最好放在较低温度下和避光环境储存。

辣根素瓶

辣根素稀溶液浸蘸处理

大白菜保鲜

番茄

黄瓜

茄子

青椒

洋葱

生菜

大葱

山药

放辣根素瓶后密闭保存

生姜

马铃薯

甘薯

香菇

金针菇

口蘑

平菇

放辣根素瓶后密闭保存

金橘保鲜处理

葡萄保鲜处理

鲜枣保鲜处理

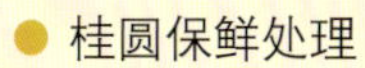
桂圆保鲜处理

水果保鲜

柑橘

香蕉

芒果

苹果

西瓜

草莓

樱桃

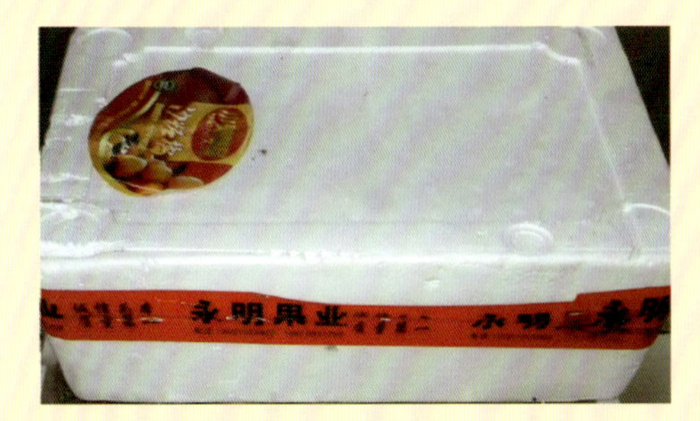

放辣根素瓶后密闭保存

放辣根素瓶后密闭保存

放辣根素瓶后密闭保存

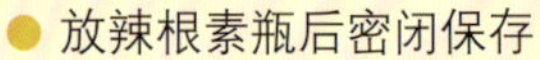

考考您：

蔬菜水果保鲜用辣根素越多越好吗？

蔬菜水果用辣根素浸泡后影响口感和品质吗？

生鲜熟食保鲜更持久

活的鱼、虾、蟹等生鲜产品现做现吃口感最鲜，冷冻或死了做出来就不那么鲜了，为什么？因为极容易腐败变质，实质是病菌作怪。还有我们经常吃的鲜蘑菇、生肉、豆腐、凉菜、各种熟食、快餐等稍放久点就坏了，也是因为病菌造成变质腐败。根据实际需要，新鲜的鱼、虾、蟹、生肉、蛤蜊等可以用一定浓度的辣根素水乳剂稀释液浸泡适当时间后放进可以封口的保鲜袋或别的密闭器皿内，如果密闭较好，即使放在冰箱冷藏室十天半月拿出来烹饪依然很新鲜，即使放在常温下短时间保存也不会坏。如果是不便浸泡的半成品、熟食、凉菜等可以和吸有辣根素的药棉、海绵或吸水纸的容器（开着盖或盖上有孔）放在一起密封保存，辣根素从容器中不断释放出来，短时间也不会变坏，当然在冰箱冷藏箱温度条件下保存效果更好。

辣根素瓶

鲜肉

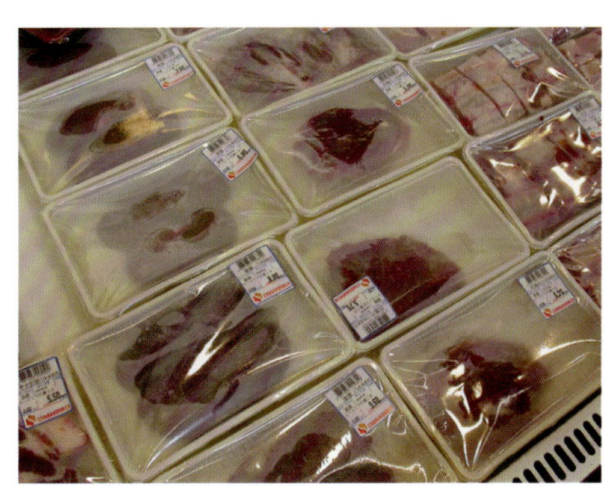

包装鲜肉

鲜鱼头

活鱼保鲜处理

活鱼保鲜处理后密闭保存

活鱼用辣根素浸泡后冰箱密闭保鲜冷藏

海带保鲜处理

蛏子保鲜处理

鲜虾

皮皮虾

活蟹

贝

海鲜

剩饭保鲜

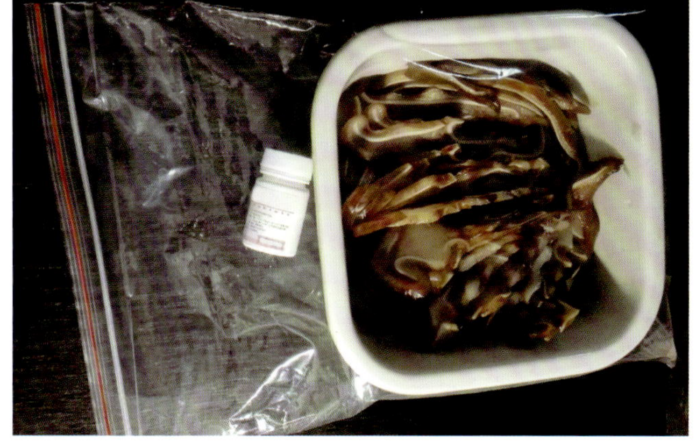
凉菜保鲜

快餐盒饭

饭团

半成品

凉拌菜

考考您：

生鲜熟食保鲜应注意什么？

房间洁具消毒最放心

过去消毒多用酒精、来苏水、漂白粉、双氧水、过氧化物、福尔马林等化学消毒剂，或多或少存在一些问题，要么效果不理想，要么有腐蚀性，要么毒性高等。辣根素的有效成分是可以食用的芥末，只不过它的含量比食用的芥末要高很多倍，它对几乎所有的病毒、细菌、真菌、线虫、害螨、寄生虫等各种有害生物都有很好的杀灭作用，无毒、无残留、无污染，在某种程度上讲是可作为替代酒精、来苏水、漂白粉、过氧化物、福尔马林等化学消毒剂的理想用品。辣根素可广泛用于宾馆、旅游、医院、食品加工、家庭等卫生消毒，如房间熏蒸除臭、灭菌、除螨，厨房地面墩擦;家具表面、厨具、餐具、洁具清洁；特别是生熟不分的木质菜板，极易产生黄曲霉等多种霉菌污染食材，辣根素水乳剂稀释液是最好的清洁剂。定期使用辣根素水乳剂冲洗下水道不但可以除臭，而且还可以避免蚊蝇、蟑螂、老鼠发生。

餐具

餐具用辣根素消毒处理

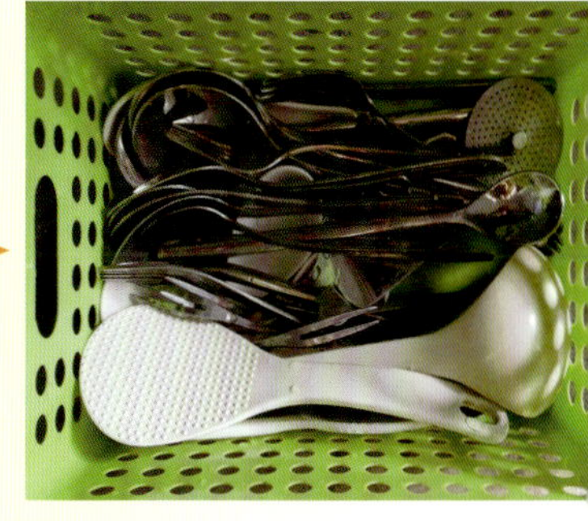
餐具处理后

毛巾用辣根素消毒

墩布用辣根素消毒

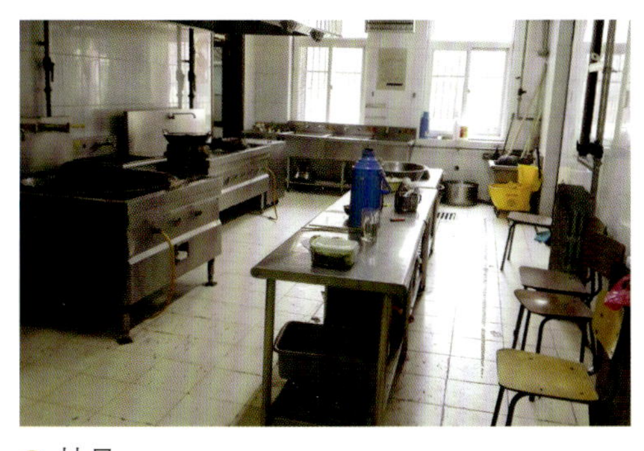
灶具

菜板

清洗池

● 洗菜池

● 送餐桶

● 下水道

● 冰箱消毒

● 宾馆

● 客房

● 地毯

考考您：

不便用辣根素清洁消毒的空间和大型物件该怎么办？

喷洒消毒环境更清洁

城镇和农村的垃圾存放地、畜禽场圈、公厕和排污暗道等场所又脏又臭，蚊虫泛滥，还可能传播疾病，严重影响公共环境卫生和人员的健康出行。如果在正常清洁作业后采用辣根素水乳剂稀释液冲刷、泼浇、喷洒，不但可以直接杀虫灭菌除臭，遗留的气味还可以驱避飞来的蚊蝇等害虫寻食产卵，如果条件允许可以用不同容器装一些辣根素安放在不影响人员活动的犄角旮旯，使其缓慢释放辣根素气味，在较长时期驱赶蚊蝇前来产卵繁殖，减少蚊蝇对人们正常生活的打扰，使生活环境变得更加清洁、宁静。

● 辣根素液

● 辣根素液喷浇垃圾

● 鸡场

● 猪场

● 牛场

垃圾场

污水地道

厕所

厕所用辣根素驱虫

农村茅厕用辣根素驱虫

农村茅厕污水

蚊蝇、蟑螂、老鼠都害怕

无论在城镇还是农村，居家过日子经常为蟑螂、蚂蚁、蚊蝇或老鼠骚扰而烦恼，特别是居住不宽裕的家庭，做饭、睡觉和方便的场所家具杂物较多，犄角旮旯阴暗潮湿，极易滋生或躲藏蚊蝇等害虫，普通家庭没有好的办法防治。如果采用辣根素水乳剂稀释液定期喷浇蟑螂、蚂蚁巢穴和蚊蝇躲藏的地方，在衣柜、橱柜、沙发、床铺下面等犄角旮旯放置装辣根素的药瓶，不断释放辣根素的气味，不但蚊虫滋生不了，外面的蚊虫也不敢进来，空气中各种病菌也会杀死很多。对付老鼠最好的方法是用喷雾器配对浓的辣根素液，把喷头拧下将喷嘴伸进老鼠洞口喷入大量辣根素液后堵死洞口，或直接用注射器吸取辣根素注射到老鼠洞口里面后把洞口堵死，还可以在老鼠经常出来的地方放置辣根素药瓶，老鼠就再也不来骚扰了，如果老鼠只有一个洞口它将必死无疑。

● 蚊虫

● 床下用辣根素驱虫

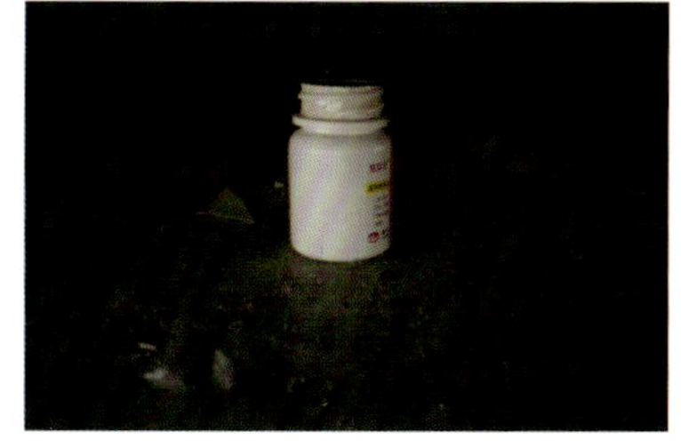

● 沙发下用辣根素驱虫

● 用辣根素驱灭害虫

● 厨房

● 储物柜

● 橱柜

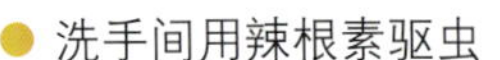
洗手间用辣根素驱虫

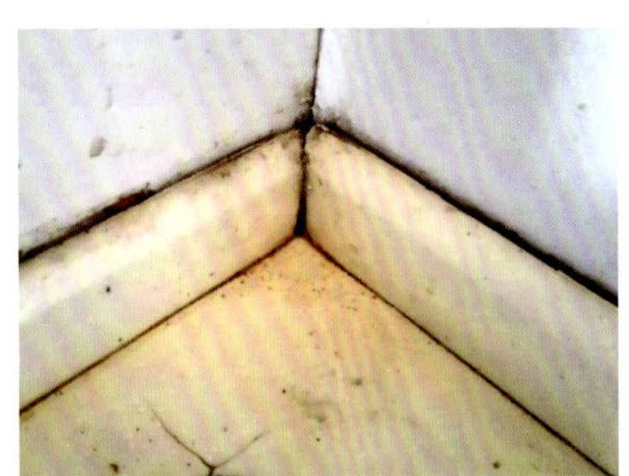
墙角

地漏

老鼠

注射辣根素灭鼠

臭脚丫、皮外伤点点滴滴就搞定

臭脚丫让很多学生和年轻人尴尬，有苦难言，也让家人和朋友不敢恭维，尽可能远离。臭脚丫是由于新陈代谢旺盛，脚出汗多，病菌在鞋里面大量繁殖而释放出的难闻臭味，民间和网上有很多方法不是很实用，有的方法甚至有损健康。很简单，只要在每只鞋垫的前面滴上两滴辣根素垫在脚下就可以了，保您脚不臭。如果臭脚很严重，鞋子、袜子、鞋垫洗后可用辣根素液浸泡消毒，还可用稀的辣根素液浸泡洗脚。辣根素还可抑制轻微脚气。农民在日常生活或田间干活时，不小心发生了局部皮外伤，身边没有碘伏、酒精，只要用干净吸水的物品吸上辣根素水乳剂或直接用手指蘸辣根素水乳剂涂抹伤口，效果不会比碘伏和酒精差，只不过稍微有点烧疼。

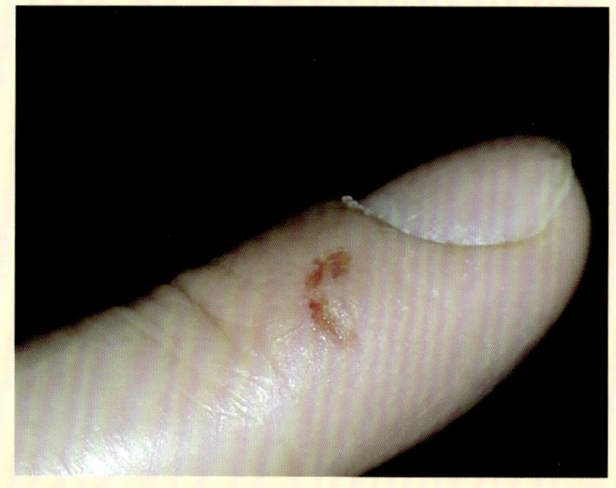
伤口

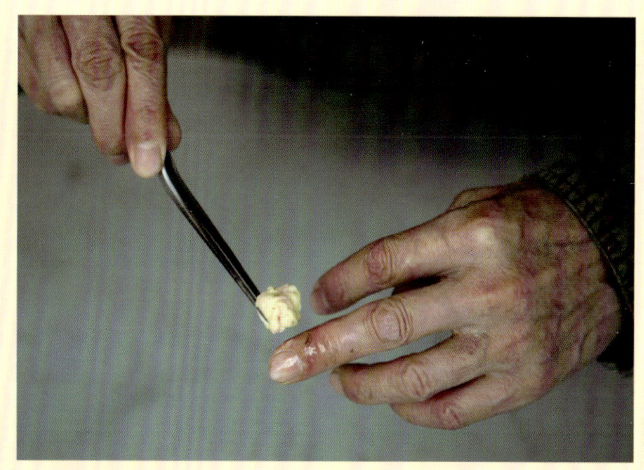
辣根素伤口消毒

滴辣根素治脚气

治脚气

考考您：

使用辣根素应该注意什么？

问题解答

Answers to questions

出于方便不同读者梗概阅读和部分读者扩充技术知识，需要深入学习理解一些关键技术和核心内容考虑，将前面章节某些内容限于篇幅没能展开介绍的，特以问题解答方式补充编排，以期有效帮助读者更好地理解和掌握相关部分的技术背景知识，从而准确理解或灵活应用正文所推介的相关技术内容，更好去实现少用多半药，蔬菜更安全，人人都受益。

病虫图片名称及防治要点

1. 辣椒花叶病毒

叶片变小，不均匀褪绿、皱缩、畸形。病毒主要由蚜虫传播，高温干旱适宜发病，药剂防治基本无效，主要通过抗病毒品种和健身优化栽培进行预防。

2. 番茄黄化曲叶病毒

中上部幼嫩叶片黄化、皱缩、畸形至坏死。病毒由烟粉虱传播，高温季节发生严重，主要通过抗病毒品种和以严防烟粉虱为主的健身优化栽培进行预防。

3. 番茄蕨叶病毒病植株

病株矮化，幼嫩部位褪绿，嫩叶变窄，呈柳叶状。病毒主要由蚜虫传播，高温干旱适宜发病，主要通过健身优化栽培进行预防。

4. 西葫芦银叶病毒

病株叶片呈银灰色膜状，叶柄褪绿。病毒由Q型烟粉虱传播，通过以严防烟粉虱为主的健康优化栽培进行预防。

5. 番茄斑萎病毒病果

病株叶片产生小黑斑，顶部形成褐色坏死条斑，半边生长或完全矮化，或落叶萎蔫。病果出现褪绿环斑，轮纹不明显，易脱落。病毒由蓟马传播，通过健身优化栽培进行预防。

6. 番茄条斑病毒病畸形果

病株幼嫩部叶片和茎秆、枝杈上产生不规则褐色坏死斑，后期形成大型条斑。病果局部坏死，凹凸不平，有的呈猴脸状。由多种病毒侵染，种子可带毒。高温干旱适宜发病，主要通过抗病毒品种和健身优化栽培进行预防。

7. 黄瓜病毒瓜

病叶呈黄绿相间花叶状，不同程度皱缩、畸形。瓜条呈现深绿浅绿相间花色，表面凹凸不平，瓜条畸形。病毒主要由蚜虫传播，主要通过优化栽培进行预防。

8. 番茄根结线虫病病根
9. 胡萝卜根结线虫病病根
10. 黄瓜根结线虫病病根
11. 生菜根结线虫病病根
12. 西瓜根结线虫病病根

蔬菜根结线虫病为害根系，在根部形成大小不等、形状各异的肿瘤，最后腐烂。地上部逐步黄化、萎蔫、死亡。根结线虫病主要由南方根结线虫侵染引起，随病土、病苗和病根传播，可达到土壤深层。防治关键是培育无病苗和移栽种植前进行土壤消毒。

13. 番茄根肿病中后期

病苗矮化，叶片变窄、扭曲，幼根上产生浅色近球形肿瘤。由一种低等真菌侵染所致，一般不需专门防治。

14. 番茄溃疡病

病株初期单侧枝杈的叶片不规则萎蔫坏死，茎秆和侧枝发空，撕开可见内部（维管束）筋变色，最后全株萎蔫坏死。所结病果空瘪、畸形。由一种细菌侵染引起，种子传播，把好种子关是防治的关键。

15. 番茄晚疫病

先在中上部叶片发生，形成灰绿色至褐色大型坏死斑，很快致植株成片坏死。青果易得病，形成大型褐色坏死斑块，表面粗糙，边缘不清晰。由一种低等真菌侵染，低温高湿容易发病。发病初期彻底摘除病叶病枝，控制浇水，防止田间积水。提高棚室管理温度，降低湿度，及时进行药剂防治。

16. 番茄早疫病

在中下部老叶形成同心轮纹褐色坏死斑，向上发展致枝叶枯死，在果实果柄或脐部形成褐色坏死坑，病果提前变红。由一种高等真菌侵染，植株缺肥，高温高湿利于发病，发病后及时药剂防治。

17. 黄瓜褐斑病

在叶片上产生褪绿小点，坏死后形成黄色至浅褐色小型圆形或不规则形病斑，很快致叶片枯死。由一种高等真菌侵染，高温高湿利于发病，发病后依赖药剂防治。

18. 黄瓜菌核病

多从瓜条顶端开始腐烂，病部产生白色棉絮状菌丝团，很快致瓜条全部腐烂，最后菌丝团形成鼠粪状菌核。由一种高等真菌侵染，病害由掉落在土壤中的菌核萌发释放病菌孢子引起，发病后很难控制，采取深翻土壤、长时间灌水或土壤消毒进行防治。

19. 茄子绵疫病
20. 茄子绵疫病
21. 茄子绵疫病

叶片上产生大型灰绿色坏死病斑，嫩茎和果实病部变褐，腐烂下陷，果实病斑呈坑状，椭圆形至不规则形，湿度高时在病部产生絮状白霉，病果易掉落。由一种低等真菌侵染，夏秋雨后高温高湿发生普遍，高垄覆膜栽培，雨季防止田间积水可有效防控，发病后需及时药剂防治。

22. 茄子褐纹病

叶片上产生近圆形褐色轮纹状坏死病斑，茎秆和果实病斑椭圆形，黄褐色凹陷，上生轮纹状排列小颗粒。由一种高等真菌侵染，高温潮湿易发病，发病后依赖药剂防治。

23. 青椒炭疽病

多在果实上产生褐色坏死病斑，边缘暗绿色，显著凹陷，后期病斑表面产生粉红至咖啡色稀泥状病菌，有的形成黑色锅底状病斑，易腐烂穿孔。由一种或两种高等真菌侵染，随蔬菜残体传播，多雨高湿利于发病，发病后及时进行药剂防治。

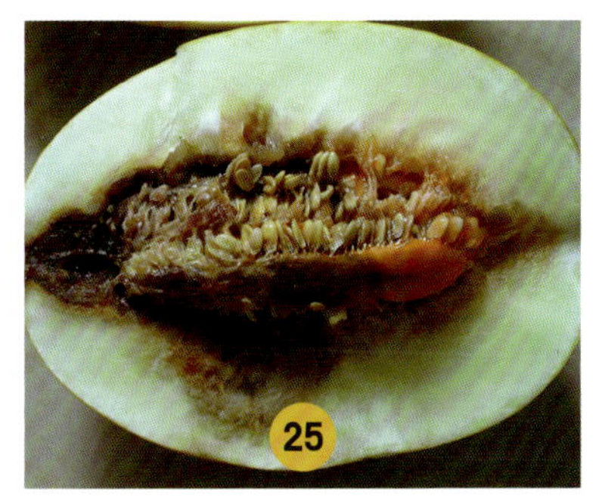

24. 甜瓜果斑病

25. 甜瓜果斑病

各种瓜都受害，甜瓜叶片病斑为暗棕色至黑褐色不规则形，瓜表层密生水浸状坏死病斑，随后病瓜腐烂；西瓜多在瓜的上部形成水浸状橄榄色坏死斑，很快腐烂。由一种细菌侵染，是一种检疫性病害，种子带菌传播，严格按照植物检疫条例购买种子，把好种子关是防治的关键。

26. 架豆炭疽病

豆荚上初期病斑为褐色坏死小点，以后变成近圆形褐色坑状斑，病斑中央产生粉红色黏稠物，相互连接形成不规则大斑。由一种高等真菌侵染，随植株残体传播，多雨高湿利于发病，发病后要及时进行药剂防治。

27. 雪里蕻炭疽病

在叶柄上产生椭圆形至梭形深坑状坏死病斑，边缘暗绿色水浸状，病斑相互连接致叶帮腐烂。由一种高等真菌侵染，随植株残体传播，多雨高湿利于发病，发病后要及时进行药剂防治。

28. 苦菊菌核病

病害先从外叶基部开始坏死腐烂，呈黄褐色，迅速发展致基部叶片全部坏死，产生浓密的白色菌丝，最后形成黑色鼠粪状菌核。由一种高等真菌侵染，病害由掉落在土壤中的菌核萌发释放病菌孢子引起，发病后很难控制，采取深翻土壤、长时间灌水或土壤消毒进行防治。

29. 青椒脐腐病

果实脐部呈暗绿色坏死软化，形成不规则大型坏死斑，病斑中央逐渐褪绿变成浅红褐色。此病由养分供应失调生理缺钙所致，有效防控需调节土壤水肥管理和果实喷施钙肥。

30. 番茄乌心果

又称筋腐果，一种是褐变型筋腐，多在下部果上出现局部褐变，切开可看到果皮内的维管束(筋)呈黑褐色或茶褐色。一种是白变型筋腐，果实着色不良，红色部分减少，病部有蜡质光泽，切开可见果肉呈“糠心”状。此病是由于多氮、干旱、闷热等不良因素造成生理障碍所致，选择适宜品种和科学配方施肥进行防控。

31. 辣椒脐腐病

靠近辣椒顶尖部位局部坏死，病部暗绿色至暗褐色，有的呈浅红褐色，形状不规则，软化腐烂。此病由生理缺钙所致，有效防控需调节土壤水肥管理和果实喷施钙肥。

32. 番茄芽枯病

为害花序，初引起幼芽枯死，在发生芽枯处形成线形或“Y”字形缝隙，常误认为被害虫钻蛀，有时边缘不整齐。夏秋番茄现蕾期气温太高，高温烫死了幼芽或花序，尤其定植后长时间控水容易发生。有效预防需夏秋高温季注意遮阳降温，防止高温烫伤幼芽和花序；注意通风，保持棚温不超过35℃。

33. 生长调节剂2,4–D药害

多同一时期或同一叶位发生，中上部叶片增厚下弯，僵硬细长，叶缘畸形，小枝或叶柄扭曲。果实受害常从脐部开裂致畸形。主要是生长调节剂2,4–D浓度太高，或在施用当时或随后温度过高，或局部喷药过多或喷重所致，采用熊蜂授粉可完全避免。

34. 烟粉虱

35. 烟粉虱卵、成虫、伪蛹

成虫为1毫米左右小飞虫，白色，翅膀合拢呈屋脊状。若虫和蛹长椭圆形，呈半透明蛋糕状，比成虫小很多，固定在叶片背面。卵很小，人眼一般看不见。喜欢为害豆类、瓜类、茄果类和多种叶菜、杂草等植物。由于成虫、卵、若虫和蛹同时发生，一种药多只防治一个虫态，加之烟粉虱极少时不易引起重视，为害明显时害虫繁殖速度极快，药剂打死的赶不上新出来的害虫数量，所以害虫严重时很难有效防治。有效防控必须大面积整体进行源头控制，切断害虫传播途径，尽可能消灭虫源。

36. 斑潜蝇幼虫、成虫和蛹

37. 斑潜蝇为害状

成虫为很小灰黑色蝇子，背上有一个金黄色亮点。幼虫在叶片内取食，形成不规则蛇形食道，老熟后钻出叶片，形成金黄色蛹粒。由于斑潜蝇喜欢为害豆类、瓜类、茄果类等多种蔬菜，成虫直接把卵产在叶片里面，幼虫潜藏在叶片里面取食，发生后药剂很难有效防治。有效防控最好是进行源头防控。

38. 蓟马为害黄瓜

39. 蓟马为害茄子

40. 蓟马为害黄瓜

41. 蓟马为害黄瓜瓜条

42. 蓟马为害番茄形成僵硬果

43. 蓟马为害水果黄瓜瓜条

44. 蓟马成虫和若虫态

成虫1毫米以下,长条形,颜色有深有浅。若虫体形更小,体色更浅,两端更尖。卵产在叶片里面,老龄若虫落到地面化蛹。成虫在土表层羽化后向上移行,喜欢为害幼嫩部位,在叶片上“跳跃”飞动,在田间多几代同堂,繁殖极快。由于害虫极小,早期很难发现,发现为害后虫量已经较多,而且药剂防治很快就产生抗药性,所以发生后药剂很难有效防控,最好是源头防控,消灭和减少虫源。

45. 茶黄螨个体放大及为害辣椒植株生长点
46. 茶黄螨为害普通番茄受害状
47. 茶黄螨为害彩色甜椒形成僵果
48. 茶黄螨为害辣椒形成僵果
49. 茶黄螨为害普通番茄果实受害状
50. 茶黄螨为害樱桃番茄果实
51. 茶黄螨为害茄子形成僵果
52. 茶黄螨为害茄子形成僵果
53. 茶黄螨为害茄子形成僵果
54. 茶黄螨为害茄子形成开花馒头
55. 茶黄螨若螨和成螨放大

茶黄螨极小，有经验、眼力很好的可以看见针尖大小亮珠状的成螨，跑得飞快。一般很难看到，多根据为害状判断，它喜欢为害嫩梢、嫩叶、幼果。被害叶增厚僵直，变窄，叶背呈黄褐色，带油状光泽，叶缘卷曲，变硬发脆。幼果或嫩荚受害处停止生长，呈黄褐色，粗糙，僵硬，膨大后表皮龟裂，种子裸露。嫩梢受害后不生长，呈黄褐至灰褐色扭曲，叶片变小，节间缩短，严重时顶部枯死。由于茶黄螨极小，只有为害症状显现后才被发现，发生后只能定期施药防治，所以最好是预防，尽可能消灭虫源。

为什么我们喷药防治病虫效果不好，农药利用率低?

主要是喷雾器落后，结构不合理，喷出的雾滴太粗，大小差异太悬殊，不均匀。

喷了农药就一定会有效吗?

不一定有效。病毒病和土传病害等不少病虫害喷药是不管用的；即使药剂可以防治的病虫，选用的农药种类是否对路、对药浓度是否合适、喷雾器是否合格等都影响防治效果。

是不是用药越多效果越好?

不是用药越多越好。用多了易造成药害，易造成产品农药残留超标，还容易使病虫快速产生强抗药性。

用多种农药比用一种农药效果好吗?

不是的。选择的农药品种不合适，多种药混用很可能发生化学反应，效果相互抵消；如果多种农药成分是一样的，混用很容易造成产品农药残留超标。

病虫主要从哪里来?

病虫主要从种苗、棚室表面、土壤、植株残体里来，其次是生产环境。作物生产期间主要通过农事操作传播病虫，如浇水、施肥、农机具和人员进入等。露地生产病虫还可以从较远的地方传过来。

不让棚室里的病虫跑出来最好怎么做?

在蔬菜采收结束后，最好把拉秧的植株在棚室内集中像沤肥一样堆放成堆后覆盖塑料膜，再用注射器注射适量（20 ~ 30 毫升 / 立方米）辣根素，密闭熏蒸几天即可。如果同时将棚室关闭用超高效常温烟雾机喷施辣根素烟雾，密闭熏蒸一夜可把棚室内所有气传病害病菌和小型害虫全部杀灭。

要想种蔬菜、水果少打药或不打药应该怎么做?

最好是控制好病虫传播的各个途径，棚室和田间如果没有病虫，或者病虫极少，蔬菜、水果生产期就不会发生病虫，或发生很晚、发生很轻，自然就不用打药，或者少打农药。最主要是充分利用生物熏蒸剂辣根素高效、广谱、无毒、无残留特性，做好培育无病虫苗、棚室表面消毒、土壤消毒和蔬菜和果树植株残体、病果病叶的除害处理。再就是清洁生产环境，把扔在田边地头和棚室外可能传播、繁殖病虫的蔬菜秧子、烂果及果园里面和附近的枯枝、落果等彻底清理干净，进行集中密闭堆沤除害处理。

种菜不打药行吗?

完全行。因为多种难防治的毁灭性病害都有抗病品种。没有抗病品种能最大限度做好病虫源头控制也能做到种菜不打农药。

做不到一点病虫都没有也没关系，不是有病虫存在就一定要发生病虫。平时，我们每个人的鼻腔中都可能有肝炎病毒、感冒病毒和拉肚子的细菌存在，为什么我们不得肝炎、不感冒、不拉肚子？原因有二：一是病菌量足够少；二是我们的抵抗力足够强，病菌感染不了我们。即使到了流感时期空气中到处充满感冒病毒也不是所有人都感冒，只有那些抵抗力弱的人会得感冒，或者自认为身体好在此时期熬夜、喝酒、生气上火，或乱折腾打破了身体平衡的人感冒就找上他了。所以，即使有病菌存在，没有病虫喜欢的蔬菜，没有适合病虫发生为害的环境条件，病虫就不可能发生，即使发生也没什么大碍。

不用设备最有效防控病虫的技术措施有哪些?

一是选用优良抗病品种；二是健康栽培，水肥科学管理，最大限度营造适合蔬菜生长不利于病虫发生的生产环境。农民朋友熟知的许多种菜能手，菜种得很好，产量好、品相好，而且病虫发生还很轻，打药很少甚至不打药，其实是应用了很多栽培防病虫原理和技术措施限制了病虫发生为害。

轮作防治病虫的原则是什么?

一是尽可能选择亲缘关系远的作物进行轮作；二是要避免有相同的主要病虫种类。

用“美人计”防治害虫的优点是什么?

一是高效简单便利；二是安全无害，只诱杀害虫不影响天敌；三是没有任何副作用，害虫产生不了抗性。

灯光诱杀害虫需要注意什么?

一是注意杀虫灯的光源要尽可能把远处的虫子诱过来，远来的虫子要引诱上灯被杀死，避免灯附近为害更严重;二是尽可能减少误杀有益昆虫;三是安全防护,要注意防雷电、防雨、防风、防漏电等。

色板诱杀害虫的几个关键您知道吗?

害虫最喜欢的黄色是金黄色或橙黄色，蓝色是略带荧光的深蓝色，黑色是略显紫色的黑色；最佳诱虫黄板、蓝板大小是 30 厘米 ×40 厘米或 25 厘米 ×30 厘米，紫黑板可小点；诱虫器最合适的形状为圆筒形，以废旧食用油桶为最佳；黄板、蓝板诱虫高度以高出蔬菜顶部 20 厘米左右，育苗以高出菜苗 5 厘米为最佳；因害虫受飞翔能力限制，黄板、蓝板间距 10 米最好；还有黄板、蓝板重点用于早期监测害虫，在害虫发生之前或初期使用最好。

高温闷棚需掌握哪些要点?

因棚室内温度在不同高度差异悬殊，高温闷棚有 3 个要点：一是温度以瓜菜生长点高度为准，确保生长点能回复活力；二是保证闷棚时棚内充分潮湿，水是吸热介质，有水汽温度才容易调控，没有水汽温度不易升上去，升上去了容易把黄瓜闷死；三是低于 45℃效果不好，病虫没有彻底杀灭，黄瓜因高温闷得够呛，一旦病虫发生，黄瓜就像得了场大病一样失去了抵抗力，病虫发展极快，很难控制，但高于 48℃病虫和瓜菜全都闷死了。

辣根素可用在病虫防治的哪些方面?

辣根素主要用于棚室表面和空间消毒、土壤消毒、植株残体杀虫灭菌处理以及苗盘、基质、工具消毒；还可用于生长期一些病虫防治和产品消毒、储藏保险等。

为什么要使用增效剂，哪些作物喷药时应该添加增效剂?

因为增效剂可以显著增强药液的黏附能力和渗透性，显著提高防治效果。一般叶片较光滑、叶片表面肉毛较多、着药面较直立的作物，如葱、蒜、圆白菜、菜花、豌豆、芋头、莲藕等喷药应添加增效剂。

常温烟雾施药用水多少影响防治效果吗？

常温烟雾施药对水多少不影响防治效果，水只是起到把农药均匀分散到棚室内的作用，水多反而增加空气湿度。如果操作熟练可以最大限度减少用水，提高施药作业效率。

超高效常温烟雾施药能帮助我们解决哪些问题？

超高效常温烟雾施药能帮助我们解决落后喷雾器跑冒滴漏和多种农药随意混用、随意加量所造成的蔬菜产品农药残留超标风险问题；解决大量农药浪费、污染环境问题；解决一家一户施药次数多、劳动强度高、防治效果不理想问题；解决密植、匍匐蔬菜如芹菜、草莓、生菜等无法有效施药问题；解决低矮棚室无法进棚施药和阴雨雪天、雾霾天不能施药问题。

田间学校是怎么回事？为什么要开办农民田间学校？

农民田间学校是联合国粮农组织针对成人特点提出并倡导的农民素质和能力培养的训练方式，一般每期 25 ~ 30 名农民学员，开学和结业采用投票方式对学员进行知识、观念、技能等综合测试，依据年龄、性格互补分 5 ~ 6 个小组，16 ~ 20 周（作物生产周期）为一期，每周 1 个活动日，特别适合发展中国家农民素质和能力培养训练。是“以人为本、能力为先”、自下而上农民参与的技术推广方式，辅导员启发引导农民观察、试验、决策、总结、分享，针对性设计团队活动、引导做游戏，通过动脑、动口、动手训练，在解决生产、生活问题的过程中学习、实践和锻炼，不断提高农民分析、解决问题的能力，改变落后观念，增强自信，增强协作意识，增强实操能力、组织协调能力，最终全面提高综合素质和科学决策能力。

农民田间学校是针对传统单一知识或技术的培训，是针对农民所学知识和技术随时间推移不断丢失，专业知识和技能得不到有效提高，观念意识不容易改变，再怎么培训举一反三解决问题的能力得不到根本性提高的状况展开的培训。

为什么要研发这些东西，它们都有什么用？

温时自控浸种箱　种子可以传带很多病虫，如果不彻底消毒，作物种到地里肯定要发生病虫害，所以烫水（俗称温汤）浸种是农民经常采用的种子消毒方法。由于没有专门用于浸种的器具，在很多时候浸种温度和时间没达到杀灭病虫所需的温度和时间，做了温汤浸种却没发挥作用；或者浸种温度过高时间过长影响了种子的正常发芽出苗。通常温汤浸种温度是 50 ~ 55℃，时间 10 ~ 30 分钟，但浸种期间是恒温还是自然变温处理效果差异很大。而且有的种子耐高温，有的种子怕高温。从有效杀灭种子传带的多种病虫考虑，只要种子发芽不受影响，浸种温度越高、持续时间越长处理效果会越好。过去的经验做法是三份开水一份凉水来粗略确定浸种温度，事实上每份水的量不同，或外界温度不同，“三开一凉”的实际温度差异很大，效果无法确认。也有用 60℃温水连续不停地搅拌直接浸汤种子，或用 100℃开水边加凉水边搅拌浸种，效果同样确定不了。所以开发温时自控浸种箱（杯）可以满足各类种子种薯处理的实际需要，依据需要处理种子的温度和时间事先设定，把种子和水放入其中，当温度上升到设定温度开始自动计时，恒温浸泡时间到即刻自动放掉热水。该装置处理精确，无需专人照看，方便实用，可广泛应用于种子无害化处理和适温浸种催芽等。

脚拉双相流稳压喷雾器 针对落后的背负式手动喷雾器结构不合理，压力不均，雾滴差异悬殊，农药利用率低，防治效果不理想设计生产脚拉式稳压喷雾器，采用脚拉充气加压，气、液两项流同时雾化药液，实现轻松、稳压、均匀、高效喷雾。

精准施药配套量具 针对农民多数凭经验随意配对农药，固体农药用勺盛、铲子铲，或大概估计量取；液体农药多用瓶盖量，或随意倒，配对药液用水也大概估计。可能造成药剂药量不够，打药后效果不好或没有效果，诱导病虫产生抗性；或造成该稀的药液加农药过量，形成不必要浪费，或造成农药残留超标，诱导病虫产生强抗性。设计制造配对农药所需的系列量具和配对各种浓度药液准确量取农药和清水的速查卡（板），以及可以用来量取清水和用作保管量具的药液箱。为了指导农民精准施药，还编了施药技术要点顺口溜：针对病虫选农药，合格器械做保障；对药药水需量准，过浓过稀都不妙；作物表面均匀喷，喷头切忌来回找，雾滴要滴却没滴，防治病虫刚刚好。

喷粉器 喷粉器是防治棚室蔬菜病虫喷施粉尘药剂的专用器械，防治一亩只需要 5 ~ 10 分钟，简便省力，药剂扩散均匀。为便于粉尘施药技术的推广研发生产不存药、轻便灵活的手动（电动）喷粉器。

臭氧土壤消毒机 根据臭氧对各种病虫有很强的杀灭作用，针对棚室蔬菜多种土传病虫害严重，药剂处理防治病虫种类单一，用药量大，成本高，效果不理想，持效时间短等，设计制造低浓度和高浓度臭氧土壤消毒机，操作简单，成本很低，对环境无污染。

太阳能蒸汽补热土壤消毒系统 在夏秋季利用太阳能进行棚室土壤高温消毒，简便易行，无毒无污染。但需要等待很长时间，处理后阴雨天多等待1~2个月还可能达不到理想效果，因温度不够刚加在土壤中的基质不能完全腐烂还影响下茬蔬菜种植。所以在保证处理效果的前提下尽可能缩短土壤处理时间和减少加入有机基质的数量非常重要。依据试验观察测试，很多情况下土壤温度达不到理想的病虫杀灭温度，主要依靠长时间持续较高的抑制温度把病虫杀死。太阳能蒸汽补热土壤消毒系统在现有太阳能高温土壤消毒基础上，以太阳能产生热蒸汽方式额外补充部分热量，使土壤温度升得更快、更高，昼夜温差变小，从而显著缩短处理时间，彻底杀灭各种病虫，根本解决太阳能高温土壤消毒受天气限制的“瓶颈”问题。

为什么要研发生产常温烟雾施药机?

常温烟雾机及常温烟雾施药技术系20世纪90年代美国、日本、荷兰等发达国家设施园艺防治病虫普遍采用的施药技术，该技术利用空气动力学、流体力学原理，或超声波原理在常温条件下将药液破碎成超微粒子，在设施内充分扩散，长时间悬浮，对病虫进行触杀、熏蒸，对棚室内设施进行全面消毒灭菌，较常规喷雾和粉尘施药技术更先进，具有诸多优点。

①省药、节水，较常规施药节省农药20% ~ 40%，亩施药液2~4升，较常规施药60 ~ 120升，节水近30倍。而且施药不受天气限制，不增加空气湿度，防治效果好。

②施药均匀、扩散性能好，药剂附着沉积率高，尤其适合棚室内高架封行和密蔽葡伏作物的病虫防治。

③对药剂适应性广，将药液变成烟雾时无需加热，不受农药剂型限制，水剂、乳剂、可湿性粉剂等常用剂型均可。

④不损失农药有效成分，在常温下将药液物理破碎成烟雾状，药剂有效成分无任何损失。

⑤施药效率高，省工、省力。

⑥应用范围广，不但可用于温室和大棚，还可用于工业水雾降温、增湿、卫生杀虫、灭菌、防疫和食用菌生产等方面。

为什么辣根素不直接倒进容器中而用药棉或吸水纸蘸吸辣根素水乳剂放在容器里面？操作时应注意什么呢?

因为直接将辣根素倒进容器中若容器倒斜辣根素容易从小孔或缝隙流出，以致流出的辣根素长时间黏附在储存物品上，影响储存物品的保存质量，因部分辣根素被黏附，容器内辣根素会分散不均匀，有的地方辣根素的量可能不够。蘸吸辣根素水乳剂时需注意不要吸得太多，吸太多了容器倒斜就可能出现多余的辣根素液体从小孔或缝隙流出影响储存物品的质量。

蔬菜水果保鲜用辣根素越多越好吗？蔬菜水果用辣根素浸泡后影响口感和品质吗？

辣根素对病毒、真菌、细菌具有很好的杀灭活性，一般不需要太浓的辣根素浸泡，因浸泡时间长短和浸泡液的浓度有关，如果辣根素较浓浸泡可短些，辣根素较稀浸泡可久一些，如果没有浸泡而用释放辣根素气体的容器熏蒸保鲜，可适当多放一些，因储藏的蔬菜水果挤得很紧，有的部位的病菌可能熏杀不到。通常辣根素的持效期只有3天，如果几天内病菌没能彻底杀灭，在储存期间若条件合适病菌会进一步繁殖。辣根素的成分就是芥末，浸泡液辣根素太浓，浸泡后散气的时间较短，可能有一点点芥末味，多放一些时间就没味了，因为辣根素不内吸，绝对不影响蔬菜水果品质。

生鲜熟食保鲜应注意什么？

可以直接用辣根素水乳剂浸泡的产品或制品可少用一些辣根素；不便于浸泡的产品或制品采用放置吸有辣根素水乳剂的药棉、海绵或吸水纸的容器（开着盖或盖上有孔）一起密封保存的时候，辣根素需稍多点。

不便用辣根素清洁消毒的空间和大型物件该怎么办？

宾馆、饭店、医院、食品加工场所等消毒的房间多、空间大，可用辣根素水乳剂对适量清水借助常温烟雾施药设备直接释放辣根素常温烟雾后密闭几个小时即可；如果是普通家庭可用喷壶将稀释后的辣根素液喷洒消毒物件表面或喷洒地面，高处无法喷洒可用废旧的衣物蘸辣根素液后悬挂在房间内，人员离开密闭熏蒸一定时间。

使用辣根素应该注意什么？

尽管辣根素无毒、无害、无残留，少量食用有益健康，但辣根素对黏膜刺激性很强，如果不慎沾到幼嫩皮肤等敏感部位或溅到眼睛里面应马上用清水冲洗。家庭使用辣根素用量以可以忍耐接受为宜，大量使用应该配置适当防护用品。